SOCIÉTÉ NATIONALE CONTRE LE PHYLLOXERA

APPLICATION

DU

SULFOCARBONATE DE POTASSIUM

AU TRAITEMENT DES

VIGNES PHYLLOXÉRÉES

au moyen
du système mécanique breveté (s. g. d. g.)
et des procédés
de MM. P. Mouillefert et Félix Hembert

7ᵉ ANNÉE

RAPPORT

SUR LES

TRAVAUX DE L'ANNEE 1880

PAR

P. MOUILLEFERT

Professeur à l'École Nationale d'Agriculture de Grignon,
L'UN DES FONDATEURS DE LA SOCIÉTÉ NATIONALE CONTRE LE PHYLLOXERA

PARIS
AU SIÈGE DE LA SOCIÉTÉ NATIONALE CONTRE LE PHYLLOXERA
10, PLACE VENDOME, 10
JANVIER 1881

APPLICATION

DU

SULFOCARBONATE DE POTASSIUM

AU TRAITEMENT DES

VIGNES PHYLLOXÉRÉES

au moyen
du système mécanique breveté (s. g. d. g.)
et des procédés
de MM. P. Mouillefert et Félix Hembert

7e ANNÉE

RAPPORT

SUR LES

TRAVAUX DE L'ANNEE 1880

PAR

P. MOUILLEFERT

Professeur à l'École Nationale d'Agriculture de Grignon,
L'UN DES FONDATEURS DE LA SOCIÉTÉ NATIONALE CONTRE LE PHYLLOXERA

PARIS

AU SIÈGE DE LA SOCIÉTÉ NATIONALE CONTRE LE PHYLLOXERA
10, PLACE VENDOME, 10
JANVIER 1881

INTRODUCTION

<div style="text-align:center">~~~~~~~~~~~~~</div>

Près de sept années se sont écoulées depuis que, pour la première fois, j'ai expérimenté à la station viticole de Cognac, en qualité de délégué de l'Académie des Sciences, le sulfo-carbonate de potassium que l'illustre M. Dumas avait proposé pour combattre le phylloxera.

Des nombreux remèdes qui ont été indiqués, avant et pendan cette longue période contre le fléau, à peine si quelques-uns ont survécu au-delà d'une année d'expérimentation. En dehors de la submersion et du sulfure de carbone, dont je n'ai pas ici à faire ressortir les avantages et les inconvé- nients, seul le sulfocarbonate de potassium a résisté à l'expérimentation et au temps.

Cependant, il n'y en a pas qui ait soulevé plus de critiques et plus d'opposition ; on peut dire que la cote de sa valeur a passé par toutes les phases. Après avoir été, comme en 1874, à la suite de mes premières communications à l'Académie des sciences, l'objet d'un grand engouement, il est tombé, l'année suivante, dans le discrédit le plus complet. On ignorait encore certains caractères de la maladie : on lui a tout d'abord trop demandé, et il y a eu des déceptions. Mais connaissant la haute valeur de cet insecticide pour en avoir fait une étude toute spéciale et approfondie, j'ai toujours eu la plus entière confiance en lui et ai toujours été convaincu que les faits viendraient tôt ou tard appuyer ma manière de voir.

En conséquence, dans la limite de mes moyens, j'ai réagi, autant que je l'ai pu, contre cette espèce de défaveur dont ce produit était frappé.

Aujourd'hui, je suis heureux de pouvoir dire que les sept années de lutte que j'ai soutenue, pour ainsi dire seul contre des adversaires très puissants, sans relâche et avec la ténacité que donne la croyance de soutenir une idée vraie, et pendant lesquelles j'ai cherché à amasser le plus de faits possible pour appuyer mon opinion et lui gagner des adhésions, ont été couronnées d'un plein succès.

Chaque année a vu le mérite du sulfocarbonate de potassium s'affirmer davantage et se traduire par une faveur de plus en plus marquée parmi les viticulteurs, et cela malgré les nombreuses critiques dont il a été l'objet, et qui n'ont pas toujours été sincères et désintéressées, mais qui prouvaient en même temps sa valeur, car l'on ne critique pas ce qui n'est ni sérieux ni évident.

Voici d'ailleurs, les principaux reproches faits au sulfocarbonatage :

REPROCHES FAITS AU SULFOCARBONATAGE

L'efficacité. — Pendant longtemps on a nié l'efficacité de ce remède, mais aujourd'hui cette propriété est établie sur des faits si nombreux et si solides qu'on ne peut plus raisonnablement la discuter. S'il restait encore quelques doutes à cet égard, les faits suivants que je vais avoir l'honneur d'exposer, sont, je crois, de nature à les dissiper même dans les esprits les plus prévenus.

En 1874, l'expérimentation étant en quelque sorte bornée à des essais de laboratoire, la consommation du produit était limitée à quelques kilogrammes.

De 1875 à 1877, période d'expérimentation en grande culture, où l'on n'opérait encore que sur quelques ares ou sur quelques hectares, la consommation atteignait avec peine, pour ne parler que des essais que j'ai moi-même suivis, que quelques milliers de kilogrammes.

En 1878, première année de la période que j'estime de vulgarisation, on traitait 28 h. 50 qui exigèrent 11,275 kilogr. de sulfocarbonate, ou 45 fûts de 250 kilog. répartis entre cinq propriétaires.

En 1879, la superficie traitée, atteignait 210 hectares qui absorbèrent environ 80,000 kilog. de sulfocarbonate, ou 320 fûts de 250 kilog. répartis entre onze propriétés.

En 1880, la superficie traitée, toujours d'après les opérations que j'ai suivies, dépassait 740 hectares sur lesquels on a employé environ 275,000 kilog. de sulfocarbonate, ou environ 1,100 fûts de 250 kilogrammes répartis entre 120 propriétaires, soit plus de trois fois les quantités des années précédentes, et plus de vingt-cinq fois celle de 1878, et encore convient-il d'ajouter que, si les fabriques avaient pu répondre à toutes nos demandes ces chiffres auraient pu être augmentés dans une très forte proportion.

Voici d'ailleurs, dans le tableau ci-contre, la liste des propriétaires qui ont été directement traités par la Société en 1880.

De nombreux autres viticulteurs, ont aussi appliqué eux-mêmes, cette année, par les moyens ordinaires dont ils disposaient, le remède en question sur des étendues relativement considérables qui dépassent de beaucoup celles des années précédentes.

Déjà la campagne prochaine s'annonce sous les meilleurs auspices et comme devant être en très grand progrès sur le passé.

Mais ce n'est pas tout, il convient aussi d'ajouter, ce qui est très significatif, que ces augmentations se sont presque entièrement produites dans les localités, ou dans le voisinages de endroits, où l'on avait expérimenté le sulfocarbonate les années précédentes, c'est-à-dire d'après des résultats constatés *de visu*; de sorte que chaque jalon posé dans une localité n'a pas tardé à faire tache d'huile et à amener de nombreuses adhésions.

En présence de tels faits, tout commentaire serait superflu, car il n'y a rien qui puisse mieux plaider en faveur de ce re-

Liste des propriétaires traités au sulfocarbonate de potassium, par la Société nationale contre le Phylloxera, au moyen du système mécanique (Breveté s. g. d. g.) et des procédés Mouillefert et Félix Hembert en 1880.

	NOM ET ADRESSE DES PROPRIÉTAIRES TRAITÉS	NOMBRE DE SOUCHES traitées	SUPERFICIE TRAITÉE en hectares
3 années de traitement.	MM.		
	Sylvestre Moullon, à Vitis-Parc près Cognac (Charente)	27.430	6,00
	Henri Marès, à Launac près Montpellier (Hérault) 1er traitement	? 60.000	? 15,00
	— 2e traitement	? 68.000	? 17,00
Vignes ayant deux ans de traitement	Jules Maistre, à Villeneuvette près Clermont (Hérault) deux traitements	77.600	19,40
	Teissonnière, à la Provenquière près Capestang (Hérault)	446.815	111,70
	Visset père, à Puisserguier (Hérault)	13.400	3,37
	Visset fils, —	8.300	2,90
	Mme Bec, à Puisserguier (Hérault)	7.500	1,87
	Le Montet, domaine de la Société près Sainte-Foy-la-Grande (Gironde)	37.691	8,44
	Les Vergnes, —	80.115	19,00
	Le Roc, commune de Saint-Sernin près Duras (Lot-et-Garonne.)	60.049	14,00
	Les Muts-Barbeteaux, près Gardonne (Dordogne)	55.850	12,60
	Maillé, propriétaire à Capestang (Hérault)	2.000	0,50
	Pelgris, — —	9.480	2,27
	Planès, — —	4.600	1,15
	Deroy, — —	27.084	6,50
	Sénégas, — —	3.500	0,87
	Lieuzer, — —	1.600	0,40
	Castres, — —	21.720	5,43
	Bessières, — —	28.944	7,23
	Calvet, — —	7.480	1,87
	Taillefer, — —	3.026	0,78
	Teissonnière — —	2.000	0,50
	Mondies, — —	22.000	5,50
	Michel Dominique. —	8.360	2,09
	Pezet, — —	10 470	2,06
	Rouanet, — —	7.875	2,00
	Hue, propriétaire à la Bastide près Capestang	49.000	12,25
	Bonnet, propriétaire à Malamort près Puisserguier (Hérault)	2.000	0,50
	Peyras, propriétaire à Puisserguier (Hérault)	950	0,24
	Menadier. —	1.120	0,28
	A. Fabrier, — —	1.600	0,40
	Tarbouriech, — —	2.800	0,70
	L. Fabrier, — —	2.000	0,50
	Vidal, — —	2.000	0,50
	Eugène Barthe, — —	2.000	0,50
	Joseph Baccou, — —	8.000	2,00
	Philippe Baccou, — —	6.000	1,50
	Antony Fabrier, — —	16.900	4,25
	Viala, — —	2.000	0,50
	A. Puech, — —	400	0,09
	Miquel, — —	6.000	1,50
	Dr Cadilhac, — —	40.200	10,05
	Fonvielle, propriétaire à Pollhes près Capestang (Hérault)	57.315	14,32
	Mailhag, —	41.896	10,47
1re année de traitement avec le système mécanique P. Mouillefert et Félix Hembert.	Hue, — —	63.360	15,84
	Crubézy, — —	13.400	3,35
	Guy, propriétaire à La Gourgasse près Béziers (Hérault)	31.000	7,60
	Araou, propriétaire à La Gourgasse près Béziers (Hérault)	27.183	6,80
	Rousset, —	49.500	12,35
	Ferdinand Pelgry, à Portyragues près Béziers (Hérault)	25.400	6,35
	Guibert, propriétaire à Béziers (Hérault)	37.200	9,00
	Albinet, à Pradine-le-Bas près Béziers	61.000	15,25
	Viennet, à Puech-Coceul —	61.693	15,42
	Massol, propriétaire à Béziers.	3.200	0,80
	Mme ve Terron, propriétaire à Béziers	12.300	3,07
	Cahagnet, propriétaire au château Sonailhac près Bordeaux	85.986	29,00
	Pesquier, propriétaire au château Laloubière près Lignan (Gironde)	29.130	9,20
	Vedey, propriétaire à Bonnetan (Gironde)	20.000	5,00
	Léo Frois, —	20.000	5,00
	Mme la vicomtesse de Lafaye au château d'Ides près Cambes (Gironde)	32.000	8,00
	— traitement d'été	30.400	7,60
	Brunet, au château Puyguerraud près Cambes (Gironde)	26.600	6,40
	Arbouin, propriétaire à Duras (Lot-et-Garonne)	30.807	6,16
	Nais Jacques, —	9.617	1,93
	Vidal, notaire aux Lèves-Thoumeyragues (Gironde)	11.529	2,36
	Vergniol, propriétaire aux Gorins près Sainte-Foy-la-Grande (Gironde)	28.251	5,21
	Laregnère, aux Lèves-Thoumeyragues (Gironde)	19.875	3,98
	Feneteau, au Montet près Sainte-Foy-la-Grande (Gironde)	2.700	0,60
	Ouvrard,	2.000	0,40
	De Bacalan aux Caries, près Sainte-Foy-la-Grande (Gironde)	14.125	2,83
	Guignard, propriétaire au Verdier près Sainte-Foy-la-Grande	45.659	9,13
	Pauvert, propriétaire aux Guillebeaux	34.978	6,97
	Bois, à Fougrenier près Gardonne (Dordogne)	16.695	3,34
	Octave Vergniol; à Flaujaques près Castillon (Gironde)	5.918	1,18
	Jean Vergniol, — —	2.538	0,51
	Alexandre Fourcaud, — —		
	Eugène Fourcaud, à Jeanfaux, près Flaujaques (Gironde)	15.825	3,16
	A. Delaage, au château de Salles près Libourne (Gironde)	48.228	6,00
	Colonel Fonbeat de Villers, au château Roussillon-Néac près Libourne.	75.281	12,00
	Brisson, propriétaire au château Ciorat près Libourne	33.799	6,00
	Azevedo, propriétaire au château des Tours près Libourne.	51.814	6,00
	Mme Delaage, à Canon près Libourne	36.624	6,00
	A. Delaage, à Rabanier près Guîtres (Gironde).	14.053	4,36
	Tessier, propriétaire à Cherves près Cognac (Charente)	6.492	1,40
	Renaud, —	4.686	1,00
	Jules Robin, à Lafont près Jarnac (Charente).	13.578	2,30
	Mestreau, député, propriétaire à Trudon près Brizembourg (Charente-Inférieure).	1.600	0,25
	Louis Gautier, à Vergnette près Luxé (Charente)	73.485	18,33
	Elie Gautier, propriétaire à Aigre (Charente)	12.230	4,94
	Cail, à Aigre (Charente)	9.000	2,00
	Savineau, propriétaire à Aigre (Charente)	3.505	0,78
	Lucien Gautier, propriétaire à Aigre, 1er traitement.	118.530	28,30
	— traitement d'été.	63.090	14,02
	Georges Gautier, à Aigre (Charente) 1er traitement.	25.605	5,69
	— traitement d'été	28.440	6,32
	La tache de Mezel, près Clermont-Ferrand (Puy-de-Dôme)	15.000 ?	1,00
	TOTAUX	2.828.781	660,63

Nota. — La Société a aussi d'autre part cédé 24,634 kilogrammes de sulfocarbonate à 25 propriétaires qui ont traité eux-mêmes avec les moyens ordinaires dont ils disposaient, et d'après les instructions que nous leur avons fournies, soit une superficie traitée de cette manière d'environ 75 hectares.

mède que je n'ai cessé de recommander et de défendre dès qu'il m'a été donné d'en connaître les précieuses qualités.

Enfin, la lecture de mes rapports annuels sur les applications du sulfocarbonate en grande culture, notamment de celui-ci, attestent, par de nombreux documents, la véracité de ces assertions.

Le sulfocarbonate se décompose trop tôt quand il est mis dans le sol. — Le fait est que vingt-quatre ou quarante-huit heures après son application, on n'en trouve généralement plus trace dans le sol, mais comme ce produit est susceptible de détruire tous les insectes et tous les œufs situés sur les racines de la vigne au moment de son application, qu'il les détruise dans quelques minutes ou dans quelques jours, le résultat final est le même. Bien mieux, plus son action est rapide, plus tôt la plante est débarrassée de ses ennemis, et plus tôt elle est mise à même de reprendre de la force.

D'ailleurs, ce reproche a été victorieusement réfuté par les faits, puisque le sulfocarbonate a fait depuis longtemps ses preuves d'efficacité; il n'est donc pas sérieux.

Dans le sulfocarbonate, l'élément toxique est payé trop cher. — Les adversaires du sulfocarbonate, s'appuyant sur sa composition chimique (sulfure de potassium et sulfure de carbone), et prenant comme mesure de son action insecticide sa richesse en sulfure de carbone, seul élément actif, suivant eux, dans ce produit, disent aussi, avec une apparence de raison, que le cultivateur, en achetant du sulfocarbonate, paye le toxique trop cher; que dans 100 kilog. de cette substance, il n'y a réellement d'utile que 25 à 28 kilog. de potasse et 16 à 17 kilog. de sulfure de carbone, c'est-à-dire des matières qu'il est facile de se procurer; d'autre part, pour environ 25 à 30 francs au lieu de 50 francs.

Ce reproche serait parfaitement fondé si cet antiphylloxérique agissait comme ses critiques le pensent; mais, là encore, ils se trompent : ce produit n'agit pas comme le feraient ses deux principaux éléments isolés, mais bien par un ensemble de qualités qui lui sont propres, qu'il tient : 1° de son sulfure de carbone, dont toutes les molécules se trouvent être réparties de manière à donner leur maximum d'effet utile ; 2° de l'hydrogène sulfuré qu'il dégage aussi en se décomposant, et dont l'action vient s'ajouter à celle de la précédente substance ; 3° à la solution alcaline qui, en dissolvant l'enduit graisseux qui se trouve autour des phylloxéras les rend plus vulnérables ; 4° enfin, par sa potasse, qui est un élément nutritif, indispensable à la vigne, et qui se trouve placée dans les traitements de manière à produire son maximum d'effet.

D'autre part, l'expérimentation apprend que, si l'on adopte le sulfure de carbone comme unité de mesure de l'action toxique du sulfocarbonate, on trouve qu'il possède à cet état une énergie d'au moins cinq ou six fois plus grande qu'employé à l'état pur, c'est-à-dire que la même quantité de sulfocarbonate appliquée avec le procédé de l'eau comme véhicule produit le même effet insecticide qu'une égale quantité de sulfure de carbone pur appliqué au pal.

La réciproque, qui consisterait à comparer l'action de 40 à 55 grammes de sulfure de carbone avec 200 ou 375 grammes de sulfocarbonate, n'est pas vraie puisque l'on mettrait de cinq à sept fois plus du dernier produit qu'il n'en faut pour obtenir l'effet voulu.

Si nous ajoutons à ces avantages du sulfocarbonate la certitude du succès, beaucoup plus grande qu'avec le sulfure, la possibilité de pouvoir l'appliquer en toutes saisons, sans aucun danger pour la vigne, et le fait d'avoir placé, en même temps que le traitement, un excellent engrais à la portée de toutes les racines de la vigne, la supériorité est manifeste à l'égard du premier, et c'est ce qui nous le fait préférer.

Stérilisation du sol par le sulfocarbonatage. — Certains adversaires du sulfocarbonate, ont aussi émis la singulière théorie que le sulfocarbonatage, en accumulant dans le sol de grandes quantités de potasse non utilisée, rend les matières azotées ordinairement solubles, dans une juste mesure, au fur et à mesure des besoins des plantes, d'une solubilité extrême, et que, dès lors, elles sont facilement entraînées par les eaux et perdues pour les plantes cultivées, d'où, en un mot, la stérilité du sol.

Lorsque l'on émet de semblables théories, la plus simple prudence commande, auparavant de leur donner jour, de voir si elles sont conformes aux faits observés. Or, où a-t-on vu qu'en mettant un excès de potasse dans le sol on l'ait rendu stérile? Il n'y a pas, au contraire, un cultivateur qui ne sache qu'en répandant sur ses terres, même à de très fortes doses, de l'eau de lessive, des cendres de bois, de tourbe, de végétaux et des sels potassiques, substances toutes très riches en potasse, la végétation ne se trouve considérablement favorisée. (1)

D'ailleurs, avec le sulfocarbonatage, il ne faut pas croire qu'on accumule une telle dose de potasse dans le sol, qu'il arrive à être impropre à la végétation. Dans un traitement ordinaire, de 400 à 500 kilog. de sulfocarbonate, la quantité de potasse enfouie n'est guère que de 110 à 140 kilog. par hectare, qui, dans le courant de l'année, se distribuent entre les sarments, la croissance des ceps, le vin, la lie, le marc et la végétation adventive; le surplus, s'il y en a, est entraîné dans les profondeurs du sol, du sous sol et dans les eaux de filtration qui ont traversé la couche arable; de sorte que, la quantité disponible pour l'année suivante doit être bien faible, et, en tous cas, variable suivant les terrains, et déterminable seulement par les analyses chimiques.

Mais ces critiques de cabinet objectent surtout que l'excédent de potasse est nuisible en rendant les matières azotées trop solubles. S'il en est ainsi, il n'y a que des avantages a en retirer, parce que cette réaction , qui met à la portée de la

____

(1) M. Jules Maistre, à Villeneuvette (Hérault), irrigue depuis 20 à 25 ans ses vignes et ses autres cultures avec des eaux provenant du lavage des laines de sa fabrique, et dépose ainsi annuellement près de 1,000 kilog. de potasse par hectare et ses cultures sont toujours on ne peut plus luxuriantes.

plante affaiblie les plus riches éléments nutritifs, ne peut
produire, en pareil cas, que d'excellents effets, et c'est peut-être
là un des secrets des bons résultats que l'on obtient avec le
sulfocarbonate.

D'un autre côté, les nombreuses vignes qui ont été régénérées par le sulfocarbonate depuis 1874 et qui continuent à être
très prospères, qui ont, par conséquent, reçu de grandes quantités de potasse, contredisent d'une manière on ne peut plus
nette cette assertion ou fausse théorie; en un mot, là encore,
les reproches faits au sulfocarbonatage ne sont donc pas sérieux.

*Cherté du sulfocarbonatage.—Système mécanique pour l'application de
ce remède.* — On reproche aussi au sulfocarbonatage d'exiger de
grandes masses d'eau et, par suite, de coûter relativement cher.
Mais cette objection n'est également pas fondée : les faits ont
également parlé et aujourd'hui, tout bien considéré, le sulfocarbonatage est le plus *économique* de tous les remèdes admis
comme efficaces, et nous le répétons une fois de plus, avec une
bien plus grande chance de succès, ce qui est immense au
point de vue réel.

Nos lecteurs connaissent depuis longtemps le système mécanique que nous avons inventé avec M. Félix Hembert par les
nombreuses descriptions qui en ont été faites depuis 1876,
époque à laquelle remonte la prise des brevets (1).

On sait que les conditions essentielles que devait réunir l'outillage qu'il s'agissait de créer, sont : qu'il permit d'avoir l'eau
ou la solution sulfocarbonatée à toutes distances, à toutes hau-
teurs à pied d'œuvre, en quantité voulue, et à très bas prix ;
qu'il fût de la plus grande solidité possible, léger, facilement

---

(1) Voir *Journal d'Agriculture pratique*, tome II, 1877 et tome II, 1878. Le *Rapport*
sur les opérations de 1877 de la station viticole de Cognac, chez G. Masson 120,
boulevard Saint-Germain. Le *Rapport* sur les travaux de 1878, Librairie agricole,
26, rue Jacob. Le *Rapport* sur les opérations de 1879. *Comptes rendus de l'Académie
des sciences*, 7 juillet et 10 novembre 1879. Les *Bulletin de la Société des Agriculteurs
de France*, communication aux sections du Génie rural et de Viticulture 1878-
1879-1880, etc., etc.

transportable, simple dans ses fontions, d'un montage et démontage rapides et faciles même pour les ouvriers les moins familiarisés avec les objets mécaniques ; qu'il permît de traiter au besoin, de grandes étendues en peu de temps, et cela afin de profiter, de toutes les circonstances favorables et passagères qui peuvent se présenter en viticulture ; ces trois considérations assurent l'application économique des sulfocarbonates alcalins.

En effet pour appliquer ces insecticides, il ne s'agit pas comme pour la submersion, d'envoyer à de faibles altitudes, des volumes considérables d'eau dans un temps donné; la quantité nécessaire pour former la solution toxique étant infiniment moindre.

Aussi cette condition permet-elle d'économiser le liquide de diffusion du principe antiphylloxérique, de se contenter de sources plus faibles, et de le prendre à de grandes distances des points d'application, tout se réduisant en somme à une question de combustible.

D'un autre côté, les machines doivent réunir, pour répondre aux diverses circonstances où elles doivent fonctionner, des qualités extrèmes de souplesse, de puissance et de légèreté, réunies à la plus grande solidité, car dans certains cas elles sont appelées à envoyer l'eau ou la solution sulfocarbonatée à des distances, et à des altitudes considérables telles, que l'on a des pressions de 25 à 40 atmosphères au piston; leur vitesse, est alors faible, et par suite le volume de liquide envoyé à pied d'œuvre, restreint.

Au contraire, lorsqu'il s'agit de traiter des vignobles placés à de faibles altitudes, il faut pouvoir augmenter dans la même somme de temps, le nombre de coups de piston, et le volume du liquide dans la proportion voulue, de manière à toujours utiliser la puissance effective des dites machines.

Le poids de ces machines doit être le plus faible possible, afin qu'elles puissent passer dans les chemins ruraux, dans des prés, ou même souvent sur des terres détrempées. Aussi les machines à action directe que nous avons fait construire d'après nos données, et que la Société nationale contre le phylloxera, propriétaire des brevets, emploie, remplissent-elles, dans une certaine mesure, les conditions du travail, qui se modifient d'ailleurs suivant les circonstances qui se présentent journellement.

Toutes les autres parties du système mécanique réunissent également les conditions essentielles de *solidité*, de légèreté et de mobilité (1).

Nous avons résolu ces divers problèmes en collaboration avec notre ami, l'ingénieur Félix Hembert, en créant l'outillage qui fonctionne depuis 1878, en grande culture, et qui avait déjà servi, a l'état d'ébauche ou en petit, dans nos travaux de Cognac, pendant les années 1875, 1876 et 1877.

D'ailleurs, pour donner une idée de la puissance et du bon fonctionnement de ce système mécanique, il nous suffit de citer, parmi les nombreux traitements que la Société a faits en grande culture en 1879-1880, les deux exemples du groupe de la Provenquière, chez M. Teissonnière, et de celui de Lignan, chez M. Albinet, près Béziers, où l'on a traité plus de 600,000 souches situées à une altitude de 56 à 74 mètres, et à une distance du point où se trouvaient les machines, qui a varié de 3,200 à 4,000 mètres. Nous avions pendant toute la durée une pression de 15 à 17 atmosphères.

Ce qu'il y avait à faire pour la viticulture. — Avoir trouvé des remèdes pour combattre le fléau dévastateur qui s'est abattu sur la vigne et des procédés pratiques pour les appliquer, c'était beaucoup, mais ce n'était pas tout. Le propriétaire, livré à son initiative et à ses propres forces, est souvent impuissant à utiliser les découvertes qui lui fourniraient le moyen de se défendre, il faut aussi qu'on lui vienne en aide, que l'on facilite et que l'on encourage ses tentatives, qu'on multiplie les expériences et les exemples pour gagner sa confiance.

---

(1) Les canalisations que nous employons résistent jusqu'à 50 et 60 atmosphères tout en étant très légères.

Dans cet ordre d'idées, nous avons pensé, avec quelques-uns de nos amis, qu'une Société, possédant un matériel approprié et des ressources financières d'une grande puissance, pourraient rendre d'immenses services aux viticulteurs en les aidant de diverses manières à combattre le fléau qui s'est abattu sur leurs propriétés.

Pour remplir sa mission, c'est-à-dire pour répondre à tous les besoins de la viticulture, cette Société qui est actuellement constituée (1) depuis plusieurs années a pour principal programme :

1° Le traitement et la régénération à forfait des vignes phylloxérées ;

2° La reconstitution des vignobles qui auront été détruits ;

3° La vente des brevets, soit aux communes, soit aux propriétaires ;

4° La cession des licences ou la location du système avec redevances annuelles ;

5° La fabrication et la vente des sulfocarbonates et du matériel de traitement ;

6° La location des machines ou l'entreprise à forfait des irrigations ou des élévations d'eau pour la submersion des vignes et autres travaux. En un mot, elle peut se prêter à tout arrangement avec les propriétaires qui voudront traiter ou reconstituer leurs vignes au moyen du sulfocarbonate appliqué avec le procédé de l'eau, qui est celui auquel elle s'est arrêtée comme donnant les plus sérieuses garanties.

CONCLUSION.

Ainsi tombent toutes, les unes après les autres, les critique souvent partiales accumulées contre le sulfocarbonatage. La

---

(1) Société nationale contre le phylloxera, 10, place Vendôme.

vérité est que la question se trouve réduite à ceci : il ne s'agit plus de savoir, pour le viticulteur, s'il peut ou veut faire la dépense nécessaire et suivant les cas, pour appliquer un remède sûr et capable de sauver son vignoble, le reste concernant entièrement l'institution que nous avons fondée, et qui a pour mission de lever les difficultés d'application.

---

(1) En présence des prétentions inqualifiables de certaines individualités affamées de renommée, qui cherchent depuis quelque temps à me dépouiller, sans aucun scrupule du bénéfice moral de mes travaux sur cette question des sulfocarbonates en général, et de celui de potassium en particulier, au triomphe desquels j'ai consacré sept de mes plus belles années, j'étais bien aise, quoi qu'il en coûte beaucoup à ma modestie, de rappeler les faits ci-dessus.

Après avoir été si longtemps seul sur la brèche à subir des fatigues sans nombre, quelquefois de cruelles humiliations, et n'avoir eu pour tout encouragement que la satisfaction de soutenir une grande cause, on feint aujourd'hui, devant le succès immense des idees que je n'ai cessé de soutenir, d'ignorer mes travaux, et mes écrits personnels sur ce sujet, ainsi que ceux faits en collaboration avec M. Félix Hembert; qu'à la demande du président de la Commission académique du phylloxéra, M. Dumas, j'ai eu l'honneur de faire les premières expériences avec les substances en question; que c'est moi le *premier et le seul qui ai indiqué les règles de leur bonne application par le procédé de l'eau comme véhicule*, ce dont témoignent de la façon la plus précise, mes communications à l'Académie des sciences depuis 1874, mon Mémoire à l'Académie des sciences (*savants étrangers*) en collaboration avec M. Maxime Cornu (*), fait en 1875 et paru en 1876, et mes nombreuses brochures et articles dans les journaux scientifiques et agricoles sur ce moyen de combattre le phylloxera.

Je m'attendais à ce résultat, mais je suis bien décidé à démasquer chaque fois qu'il le faudra, devant l'opinion publique, les plagiaires, quels qu'ils soient, qui, après avoir mis pendant si longtemps *des bâtons dans les roues de mon char*, veulent, maintenant que les obstacles sont vaincus, se hisser derrière. D'un autre côté, d'après les magnifiques résultats obtenus avec le système mécanique que j'ai inventé, en collaboration avec mon ami, M. Félix Hembert, et qui donne la solution de l'application générale et économique des sulfocarbonates alcalins, on cherche également à contrefaire ce système, qui est breveté depuis 1876, et dont *la Société nationale contre le phylloxera est propriétaire*. Mais nous savons pertinemment que cette dernière, qui a fait jusqu'ici de si grands et si louables sacrifices pour vulgariser l'emploi du sulfocarbonate, et, par suite, dans l'intérêt général du pays, est de son côté bien décidée à poursuivre, devant qui de droit, les contrefacteurs de ses appareils, et qu'elle sera d'autant plus sévère qu'elle est très disposée, dans l'intérêt général de la viticulture, à accorder *aux plus modiques conditions* des droits de brevets, ou de licences, à quiconque en demandera. *Mais il y a là une propriété qui comme toutes les autres propriétés doit être et sera respectée.*

(*) Imprimerie nationale, in-4°, 240 pages, chez Gauthier-Villars, 55, quai des Augustins.

CHAPITRE PREMIER

VIGNES AYANT UNE ANNÉE DE TRAITEMENT

SYNDICATS OU GROUPES DE L'ARRONDISSEMENT DE BÉZIERS (Hérault).

42 Propriétaires. — 198 h. 96. — 797,353 souches.

Comme on le sait, ce syndicat formé d'après l'active initiative de MM. P. Teisonnière et Jaussan comprend les trois moyens recommandés par la Commission supérieure du Phylloxera. Mais nous ne parlerons ici que des traitements faits avec le sulfocarbonate de potassium.

La plupart des propriétaires ont répondu pour les résultats en remplissant le questionnaire que M. Jaussan, le président du syndicat de Béziers, leur avait adressé, ou celui envoyé par la Société. En conséquence, nous ne saurions mieux faire pour notre compte rendu, que de suivre pas à pas les réponses que nous trouvons, soit dans ce questionnaire, soit dans les lettres qu'ont bien voulu nous adresser les propriétaires, ou d'après nos propres notes, ou celles des représentants de la Société, MM. Culeron et Lemaignan, qui ont dirigé l'exécution des travaux.

M. Louis Viennet, domaine de Pech-Coccut, commune de Béziers.

15 h. 42 a. traités. — 61,693 souches.

Dans les vignes traitées en 1880, la couche de terre végétale a une grande épaisseur. Dans quelques parties, le sol est graveleux ou argileux. La maladie a apparu chez M. Viennet

en 1877; en 1879, les souches phylloxérées avaient une végétation languissante, le feuillage prenait une teinte jaune et les
sarments étaient plus courts; les fruits étaient néanmoins venus
à maturité.

Le traitement a eu lieu dans le courant de mai à raison de
60 grammes de sulfocarbonate par souche (250 kilog. à l'hectare), dilués dans 20, plus 5 ou 10 litres d'eau. Chaque souche
avait aussi été fumée avec 1,600 grammes de fumier de ber-
gerie et 100 grammes de chlorure de potassium.

Résultat : Les résultats, répond M. Viennet, ont été favorables, et la comparaison avec les vignes non traitées est en
faveur de celles qui l'ont été. M. Viennet a l'intention de
continuer ses traitements en 1881, en leur donnant une plus
grande importance.

M. Félix Guibert, domaine de Pailhes, commune de Béziers.

9 hectares. — 37,200 souches.

Le sol de M. Guibert est argilo-calcaire ou argileux, ses vignes ont été envahies en 1879, et au moment du traitement il
y avait quelques taches, la maturité s'est faite en 1879 en de
bonnes conditions.

Le traitement a été fait fin avril et fin de mai, un peu tardi-
vement, et de la même manière que chez M. Viennet. M. Guibert
fume ses vignes avec du tourteau et du crottin de mouton.

Résultat : M. Guibert répondait ceci, première quinzaine
d'août : « Les parties traitées en avril n'ont pas eu d'agrandissement de taches, mais pour celles traitées fin mai, la tache
s'est bien agrandie et la vigne est en voie de perdition quoique
verte par ses rameaux.

» Néanmoins, les vignes traitées par le sulfocarbonate sont
aussi belles que celles faites au sulfure de carbone, et même

que celles non encore traitées, M. Guibert espère obtenir une prolongation notable dans l'existence de ses vignes, mais en traitant avant la pousse. Il pense faire traiter en 1881 la même surface, si la Société veut le faire en temps opportun, car M. Guibert pense que les traitements tardifs de mai ne sont pas aussi favorables que ceux faits plus tôt. »

M. Albinet, domaine de Pradines-le-Bas, commune de Béziers.

15 h. 25 a. — 61,000 souches.

Le sol de Pradines-le-Bas est argilo-calcaire, les premières atteintes du mal ont été vues en 1878; avant le traitement, l'état des vignes était triste aux points d'attaques, la maturité en 1879, s'est faite, mais les grains étaient très petits.

Le traitement a été effectué fin mai avec 62 grammes de sulfocarbonate et 30 litres d'eau, accompagné d'engrais de ferme et tourteaux.

Résultat : M. Albinet constate de bons résultats, les points d'attaque ont été circonscrits, et la pousse d'août s'est faite dans de bonnes conditions. Ce propriétaire a l'intention de continuer en 1881.

M. Miquel, à Puisserguier.

1 h. 50 a. — 6,000 souches.

Le sol de M. Miquel est argilo-sablonneux. La première tache a été vue au mois d'août 1878, les souches étaient très faibles au point d'attaque, les sarments y étaient courts et les feuilles jaunes; la maturité a été incomplète.

Le traitement a été fait dans le courant de mars, dans de bonnes conditions, à raison de 250 k. sulfocarbonate à l'hectare, et 25 litres d'eau par souche, avec fumure de tourteaux de pavots.

RÉSULTAT : Au mois d'août, M. Miquel répondait ceci : « La vigne conserve sa couleur verte, les sarments des souches malades se sont allongés, les raisins sont beaux, quoique peu nombreux, les points voisins non traités se *sont plus élargis*. »

M. Cadilhac, à Puisserguier.

10 h. 05 a. — 40,200 souches.

Sol riche, sablonneux, éléments équilibrés. Il a été impossible de trouver, en 1879, des phylloxeras dans les vignes qui ont été traitées. Quelques points seulement jaunissaient un peu.

La végétation, l'année d'avant le traitement, était belle, feuillage vert, excepté sur les points signalés ci-dessus ; la maturité a été convenable.

Le traitement a été fait à raison de 250 k. à l'hectare, soit 62 grammes environ par souche dans 20 plus 5 litres eau, fumure avec tourteaux d'arachides décortiquées.

RÉSULTAT : Les vignes de M. Cadilhac ayant été pour ainsi dire traitées préventivement, il ne pouvait pas y avoir, surtout pour une première année, de résultats bien remarquables pour ou contre l'efficacité du sulfocarbonate. Néanmoins, M. Cadilhac a constaté, au mois d'août, « un peu plus de verdeur, par rapport aux vignes des voisins non traitées, malgré que ces dernières soient dans un terrain très riche et qu'elles soient bien fumées ».

M. Guy, à Béziers, domaine de la Gourgasse.

7 h. 60 a. — 31,000 souches.

Les vignes de M. Guy sont en sol argileux ; elles ont été envahies en 1878 ; en 1879 on voyait plusieurs taches où la végétation était jaune et où la maturité des raisins s'est faite on de mauvaises conditions.

Le traitement a été effectué dans le courant d'avril, de la même manière que pour les vignes précédentes.

Résultat : M. Guy estime, au mois d'août, « que le résultat obtenu est bon ; ses vignes ont plus de vigueur que celles de ses voisins non traitées, elles s'amélioreront encore jusqu'à la vendange, et annonce que ses traitements seront plus importants en 1881 ».

Mᵐᵉ Vidal, à Puisserguier.

50 ares. — 2,000 souches.

Vignes en terre franche, sur les bords de l'Irou ; ont été traitées comme ci-dessus.

Le Résultat obtenu est bon, au mois d'août la vigne ne paraissait pas malade, la végétation était très vigoureuse.

M. Fabrier, à Puisserguier.

4 h. 65 a. — 18,500 souches.

Les vignes traitées sont réparties en plusieurs pièces, sur la rive droite et la rive gauche de l'Irou, les unes sont en terre franche et les autres en sol calcaire en pente. Ces vignes ont reçu, en mars, le traitement à raison de 250 k. par 4,000 souches.

RÉSULTAT : Dans les parties siliceuses le résultat a été bon ; mais, suivant M. Lemaignan, qui a visité ces vignes en août, sur les mamelons calcaires où les cuvettes n'étaient pas bien horizontales, l'effet du remède a été incomplet, le système radiculaire ne se reconstituait bien que du côté inférieur de chaque cuvette où la solution toxique avait passé.

MM. Barthe et Philippe Bacou, à Puisserguier.

2 hectares. — 8,000 souches.

Les vignes de ces deux propriétaires, qui étaient en bon état au moment du traitement, ont continué à être très belles pendant toute l'année.

M. Castres, à Capestang.

5 h. 43 a. — 21,720 souches.

Les pièces traitées sont situées sur différents points de la commune de Capestang, et partant en sol de toutes natures.

Au moment du traitement il y avait des taches à peu près partout qui représentaient la maladie à des degrés divers.

RÉSULTAT : M. Castres nous dit qu'il est assez satisfait des résultats obtenus, malgré que de nouvelles taches se soient déclarées dans le courant de l'été (nous donnerons plus loin l'explication de ce fait).

Il pense que la quantité de 62 grammes de sulfocarbonate par souche n'est pas suffisante, et qu'en la portant à un chiffre plus élevé on combattrait très facilement le mal, et en donne pour preuve l'expérience que M. Culeron a faite sur une tache dont une moitié a été traitée avec 125 gr. sulfocarbonate, dans

40 litres eau, et l'autre avec la dose ordinaire. Dans le premier cas, les souches ont développé un abondant chevelu et, dans le second, beaucoup moins.

M. Castres continuera, en 1881, l'application du sulfocarbonate, mais il augmentera la dose d'insecticide, car il a aussi reconnu, comme nous, et ce que nous n'avons cessé de recommander aux propriétaires, qu'il ne fallait pas faire d'économie de ce côté, que, les frais généraux de traitement étant les mêmes, il y a tout intérêt à mettre de bonnes doses de sulfocarbonate.

M. J. Pellegri, à Capestang.

2 h. 25 a. — 9,480 souches.

La vigne traitée, de M. Pellegri, se trouve sur les bords du canal du Midi, en sol argilo-calcaire ; les premières taches ont été vues en 1879.

M. Pellegri nous écrit « qu'il est très satisfait du traitement, et que sa récolte a été très belle. Il désire continuer l'année prochaine ».

M. Élie Planès, à Capestang.

1 h. 15 a. — 4,600 souches.

Les vignes de M. Planès présentaient dans leur ensemble les conditions générales ci-dessus : invasion et affaiblissement à des degrés divers.

Quant aux résultats, M. Planès nous écrit : « J'ai été très
» content du traitement, mais, selon moi, le dosage n'est pas
» suffisant, parce que j'ai constaté beaucoup plus de résultat
» où j'ai fait mettre 30 litres de solution, et encore plus à 40.
» M. Culeron, que j'ai vu dernièrement, m'a promis de vous
» soumettre mes appréciations, qui sont celles de beaucoup de
» propriétaires traités l'an passé.

» Excepté aux taches bien reconnues par la couleur des
» feuilles ou la pousse des ceps, on voit de l'amélioration sur
» toute la surface traitée, surtout aux souches voisines des
» taches qui ont été opérées à 40 litres; d'autres taches ont
» paru beaucoup plus loin que les premières, où l'on n'avait
» traité qu'à 20 litres. »

M. Lieuzer, à Capestang.

40 ares. — 1,600 souches.

Nous écrit qu'il a aussi reconnu à la végétation de la vigne
qui a été traitée que l'opération a été réussie, et demande à ce
qu'on lui traite de plus grandes surfaces à la campagne prochaine.

M. Rousset, à la Gourgasse, près Béziers,

11 h. 25 a. — 49,500 souches.

Le domaine de la Gourgasse est sur les bords du canal du
Midi, le terrain est calcaire et argilo-calcaire, avec sous-sol
crayeux. Les vignes traitées étaient malades depuis deux ans,
l'envahissement était général, mais on remarquait particulièrement cinq grandes taches où la plupart des ceps étaient réduits
à la dernière extrémité, et beaucoup tout à fait morts.

Le traitement a été effectué à la fin de février, à raison de
62 grammes par souche sur les parties non affaiblies, et 125
sur les taches, avec 20 ou 40 litres de solution.

RÉSULTAT : Les taches ont été circonscrites, mais l'état des
ceps affaiblis ne s'est pas en général beaucoup amélioré, tant
la maladie avait le dessus, et le sol est défavorable à la
défense; il aurait fallu, cette première année, sur ces points
les plus malades, une deuxième opération, dans le courant de
juillet, ou tout au moins une simple irrigation, car la nature

sèche du terrain a également beaucoup contrarié l'effet de la médication. Néanmoins on constatait, dans le courant d'août, une reconstitution très sensible du système radiculaire qui faisait bien augurer pour l'avenir.

M. Araou, à la Gourgasse, près Béziers.

6 h. 7 a. — 27,183 souches.

Chez M. Haraou, voisin de M. Rousset, les vignes traitées sont en terre franche. Comme ci-dessus invasion générale et plusieurs grandes taches très malades. Traitement identique à celui fait chez M. Rousset.

Résultat : Suivant M. Lemaignan, qui a visité cette vigne, on constatait ce qui suit vers le 15 août : « 1° une différence très marquée entre les vignes traitées et les voisines par la couleur verte même sur les taches, et partout un développement de chevelu très abondant; 2° aucune des taches ne s'est agrandie, et si elles recevaient un second traitement en ce moment, on ne les reconnaîtrait plus en 1881. »

M. Pezet, à Capestang.

2 h. 61 a. — 10,470 souches.

Les vignes de M. Pezet qui ont été traitées sont en sol argilo-calcaire; elles ont été envahies dès le mois de juin 1879. Au moment du traitement, les radicelles supérieures étaient presque entièrement détruites et les sarments très courts dans les taches. Le traitement a eu lieu en mars. Chaque cep a aussi reçu en outre du sulfocarbonate 1 kilog. de tourteau de sésame et 100 grammes de chlorure de potassium.

Résultat : « Sur les points, dit M. Pezet, où l'insecte n'avait point fait de grands ravages, la vigne s'est maintenue dans un état très satisfaisant, supérieur à celui constaté chez les voisins, et il est vrai de déclarer que ma vigne était, en apparence du moins, plus malade. Sur les ceps les plus affaiblis on aperçoit des radicelles et du chevelu. »

M. F. Pellegry, à Portyragnes.

6 h. 35 a. — 25,400 souches.

M. Pellegry a fait traiter deux vignes par la Société, au mois d'avril, à raison de 125 grammes de sulfo-carbonate par souche, dans 30, plus 10 litres eau. « Le sol de l'une est une alluvion argileuse, à sous-sol sablonneux et profond; l'autre est une terre argileuse, friable, à sous-sol peu perméable, sur un coteau au midi. L'une a montré des taches de vingt à trente souches en 1878, l'autre en 1879. Avant le traitement, c'est-à-dire en 1879, ces vignes étaient néanmoins encore très belles: la première a donné, en 1878, sur 5 hectares, 630 hectol. de vin. Traitée en 1879 au sulfure de carbone, il n'y a pas eu de résultat; elle a continué à s'affaiblir. Traitée cette année avec le sulfocarbonate, le résultat a été meilleur, partiellement seulement, la vigne étant trop malade pour se régénérer.

Sur la deuxième, traitée également en 1880, le remède a donné un résultat immédiat : radicelles nouvelles, feuillages et fruits arrivés à maturité. » M. Pellegry compte traiter, en 1881, 35 hectares au lieu de 7, avec le même procédé.

M. Mailhac, propriétaire à Poilhes.

10 h. 47 a. — 41,896 souches.

Voici ce que nous trouvons dans le questionnaire rempli par M. Mailhac. « Les vignes traitées sont, les unes en terrain argileux, et d'autres en terrain sablonneux. L'invasion date de deux ans, dans deux des vignes traitées; dans la troisième, je n'ai vu de points d'attaque que cette année-ci, mais le phylloxéra y était déjà l'année dernière (1879).

« Avant le traitement, les souches avaient en général une bonne partie de leur chevelu détruit. Les grosses racines étaient bien vigoureuses, malgré le phylloxéra. Le traitement a eu lieu en février ; j'ai fumé immédiatement après avec des sels de potasse (sulfure de potassium), et à ces sels j'ai ajouté 500 grammes au moins de tourteaux de colza ou de sésame. »

Résultat : « Les vignes traitées paraissent plus vertes (août) que celles de mes voisins non traitées ; mais je n'ai pas plus de fruits ni guère plus de végétation. Le système radiculaire se refaisait chez moi quand la réinvasion d'été est survenue. Je crains fort que le chevelu ne soit à peu près complètement détruit.

» Je veux continuer mes traitements. Partout où je ne pourrai employer la submersion, je veux employer le sulfocarbonate. »

Voici, d'autre part, des détails donnés par M. Culeron, représentant de la Société, qui a dirigé le traitement :

« Les vignes de M. Mailhac étaient toutes à la dernière extrémité ; elles n'avaient plus de radicelles. Après le traitement et jusqu'au mois de juillet, elles sont restées tristes et chétives ; à partir de cette époque, elles sont devenues vertes, les sarments se sont allongés et, en opérant de nombreuses fouilles au pied des souches, nous avons pu constater la présence de nombreuses radicelles développées dans un milieu exempt de pucerons jusqu'à la fin du mois d'août, époque de la réinvasion. En résumé, les résultats sont très encourageants partout où l'on a employé 110 grammes de sulfocarbonate et 30 à 40 litres d'eau. »

M. P. Crubézy, à Nissan.

3 h. 95 a. — 13,400 souches.

Les vignes traitées de M. Crubézy sont en sol argilo-calcaire ; elles ont présenté des taches de la maladie en 1878 ; l'année d'avant le traitement la végétation était maigre et jaune. « À partir du mois de mai, dit M. Crubézy, je me suis aperçu que mes vignes dépérissaient ; au mois d'août, les pousses étaient courtes et jaunes. » Le traitement a eu lieu dans la quinzaine d'avril, en mettant 62 grammes de sulfocarbonate sur les parties les moins malades et 120 sur les taches avec 40 litres d'eau. M. Crubézy a aussi fumé ses vignes avec des tourteaux de sésame.

RÉSULTAT : 15 septembre 1880. « Mes vignes traitées, dit M. Crubézy, sont vertes et les sarments continuent à s'allonger, tandis que les vignes non traitées sont languissantes et jaunes, le chevelu est abondant, les rameaux sont verts et vigoureux, *c'est une véritable résurrection.* »

Mme veuve Terron, propriétaire à Béziers.

3 h. 07 a. — 12,300 souches.

Les vignes de Mme Terron sont en sol argilo-calcaire. La maladie a été signalée extérieurement en 1878. L'année dernière, avant le traitement, les sarments étaient très courts, maigres, et le feuillage jaune ; les raisins, quoique mûrs, sont restés petits. On distinguait des taches qui comprenaient ensemble 1,100 souches. Le traitement a été fait dans de bonnes conditions ; les ceps des taches ont reçu 120 grammes dans 40 litres d'eau et le reste, la dose habituelle de 62 grammes.

RÉSULTAT : Nous relevons dans le questionnaire rempli par Mme Terron, les appréciations que voici : « Les cinq taches sont parfaitement circonscrites, le feuillage est vert et les sarments continuent à s'allonger ; tous les raisins sont arrivés à maturité. Mes vignes traitées sont belles, tandis que celles qui ne l'ont pas été sont jaunes avec des sarments rabougris, et j'espère pouvoir les conserver avec le traitement. »

M. Peyras, à Puisserguier.

21 ares. — 950 souches.

La vigne de M. Peyras a été traitée préventivement, on ne connaissait pas encore de trace de la maladie ; seule, la couleur verte indique l'action du sulfocarbonate ; les autres vignes sont aussi vigoureuses, mais elles ont perdu leurs feuilles plus tôt que celles de M. Peyras ; les raisins paraissent aussi très nourris.

M. Meinadier, à Puisserguier.

28 ares. — 1,120 souches.

Sol argilo-calcaire fort. Comme pour la vigne précédente on n'avait pas encore constaté la maladie, mais néanmoins l'application du sulfocarbonate a produit d'excellents effets sur la végétation de la vigne, dont le propriétaire a été si satisfait qu'il n'hésitera pas à continuer le traitement cette année.

M. Tabouriech, à Puisserguier.

70 ares. — 2,008 souches.

Sol silico-argileux. La maladie a été constatée pour la première fois en 1878, sur un point ; la tache comprenait alors environ 25 souches qui étaient affaiblies ; le traitement a eu lieu en février à la dose générale de 75 grammes par pied et de 125 sur la tache.

RÉSULTAT : La tache ne s'est pas agrandie ; on constate la présence d'un chevelu nouveau abondant que malheureusement la réinvasion d'été a fortement endommagé. Dans les vignes voisines non traitées, toutes les taches se sont très sensiblement agrandies.

M. Louis Fabrier, à Puisserguier.

50 ares. — 2,000 souches.

La vigne de M. L. Fabrier est en sol calcaire caillouteux. L'invasion visible du phylloxera remonte à 1878 et au moment du traitement on constatait 80 souches qui étaient très chétives. On a traité en février à raison de 75 grammes par pied et 125 dans les taches. Il n'y a pas eu de fumure après le traitement.

Résultat : On n'a pas constaté de nouvelles taches; les deux qui étaient connues ne se sont pas agrandies; l'ensemble de la vigne présente un bel aspect; toutefois la réinvasion d'été a fait beaucoup de mal au nouveau chevelu qui s'était formé dans les taches et qui était très beau.

M. Sénégas, à Capestang.

37 a. 75 cent. — 3,500 souches.

Terrain silico-argilo-calcaire. Premières taches en 1878. Sur beaucoup de points les ceps étaient maigres et jaunes : la récolte a mûri avec beaucoup de peine en 1879; le traitement a eu lieu en février à raison de 62 grammes par pied et sans fumure.

Résultat : « Les vignes voisines non traitées sont languissantes; les miennes, dit M. Sénégas, sont au contraire vigoureuses et vertes, la maturation des fruits s'est bien faite; en somme, bon résultat. »

M. Bessière, à Capestang.

7 h. 23 a. — 28,944 souches.

Terre franche, de bonne qualité, située au-dessous du canal du Midi. Au moment du traitement, sur la superficie traitée, on comptait près de deux hectares de taches où les sarments étaient très courts et très grêles. L'application du sulfocarbonate a eu lieu vers la fin de février à raison de 62 grammes sur les parties non encore affaiblies et de 120 sur les taches, dilués dans 40 litres d'eau ; fumure avec tourteaux

RÉSULTAT : Les taches ont été circonscrites ; les racines anciennes sont pourries, mais les nouvelles sont nombreuses ; dans les vignes voisines, la maladie a continué à gagner du terrain.

M. Calvet, à Capestang.

1 h. 87 a. — 7,480 souches.

Sol argilo-siliceux. L'invasion phylloxérique apparente date de 1878, et au moment du traitement on constatait plusieurs taches très accentuées. On a mis par souche, dans les parties contaminées, 110 grammes de sulfocarbonate et 40 litres d'eau ; on a fumé avec du fumier de ferme.

RÉSULTAT : Les taches ont été circonscrites et une amélioration sensible s'est produite dans l'état des ceps malades. La réinvasion n'a pas été très intense.

M. Mondiès, à Capestang.

5 h. 50 a. — 22,000 souches.

La vigne de M. Mondies est en sol argilo-siliceux. Elle a été envahie par le phylloxéra en 1879 ; en 1880 les taches y étaient déjà très nombreuses et les ceps présentaient un grand degré d'affaiblissement, la plupart avaient été détruits, on a mis 75 grammes de sulfocarbonate par souche et 25 litres d'eau ; il n'y a pas eu de fumure.

RÉSULTAT : La maladie a été enrayée, les souches les plus malades ont commencé à reconstituer leur système radiculaire, mais la réinvasion d'été est venue compromettre un peu les résultats, comme cela arrive en pareil cas chaque fois que l'on ne traite pas les taches plus énergiquement. Néanmoins M. Mondiès est satisfait, et comme preuve, il fera traiter cette année environ le double de l'année dernière.

M. Maillé, à Capestang.

50 ares. — 2,000 souches.

Le sol de M. Maillé est argilo-siliceux, bonne nature. Les premières atteintes du mal ont été vues en 1878 et au moment du traitement, on voyait dans la partie traitée une tache d'environ 400 souches qui a été traitée à raison de 125 grammes dilués dans 40 litres d'eau, le reste avec 62 grammes et 25 litres d'eau ; il n'y a pas eu de fumure.

RÉSULTAT : La tache a été circonscrite, les sarments se sont allongés, la pousse d'août s'est faite dans de bonnes conditions ; amélioration sensible et arrêt de la maladie, aussi M. Maillé a-t-il demandé à étendre considérablement en 1881 la surface traitée.

M. Hue, à La Bastide, près Capestang.

12 h. 25 a. — 49,000 souches.

Le sol de M. Hue est en général argilo-calcaire. Au moment du traitement on comptait plusieurs taches de diverse étendue ;

on a mis par souche 60 grammes sur les parties les moins malades et 120 sur les taches.

Le Résultat a été très satisfaisant : non seulement la maladie n'a pas fait de progrès, mais il y a eu aussi une reprise sensible dans les taches dans le courant de juillet.

M. Hue, à Poilhes.

14 h. 40 a. — 63,360 souches.

Terre franche, fertile dans la plaine de l'étang de Capestang. On constatait dans les vignes de M. Hue plusieurs grandes taches au moment du traitement ; on mit sur les pieds non encore affaiblis 60 grammes et 30 litres d'eau, et 125 sur les ceps des taches et 40 litres d'eau.

Le Résultat a été extrèmement remarquable : la vigne de M. Hue était superbe à voir à la fin de l'été ; les taches avaient presque entièrement disparu.

Divers propriétaires au nombre de onze.

12 h. 79 a. — 50,943 souches.

Comme dans les cas précédents, le sol des vignes traitées est très varié comme composition. En général l'invasion phylloxérique date de 1878 ou 1879. Au moment du traitement, on remarquait des taches plus ou moins grandes où la végétation était affaiblie. Suivant les cas, on a traité les parties qui ne paraissaient pas avoir souffert de la maladie avec 60 ou 75 grammes et les taches avec 100 ou 120 grammes.

Résultat : L'effet du remède ne diffère pas de ce qu'il a été dans les cas ci-dessus ; il a enrayé le mal et le plus souvent on a vu une amélioration très sensible dans l'état des ceps les plus affaiblis.

CONCLUSION GÉNÉRALE SUR LES TRAITEMENTS EN 1re ANNÉE
DE LA RÉGION DU MIDI.

Les faits les plus saillants qui ressortent des traitements en première année de la région du Midi sont les suivants :

1° La dose de 60 à 65 grammes de sulfocarbonate par souche qui suffirait dans un traitement tout à fait préventif, est insuffisante pour enrayer le mal ; la réinvasion qui suit est alors très intense et annule en grande partie les effets du remède ;

2° Au contraire, avec la dose de 120 à 150 grammes par pied, les taches se circonscrivent très rapidement ; la réinvasion d'été est beaucoup plus faible, et toujours il y a une amélioration extrêmement sensible dans l'état des ceps, même pour les plus affaiblis ;

3° Le sulfocarbonate a une très heureuse influence sur la bonne maturité des raisins et sur la végétation de la plante, même sans maladie.

DIVERS SYNDICATS DE LA RÉGION DU BORDELAIS.

21 Propriétaires. — 56 h. 45 a.— 253,756 souches.

Les cinq petits syndicats ou groupes que voici ont aussi été traités à forfait, en première année, avec les appareils de la Société :

Syndicat de Duras	9 h.	00 a.—	40.424 souches
— Bergerac	4	00 —	17.695 —
— Ste-Foy-la-Grande	32	20 —	144.900 —
— Flaujaques . . .	5	40 —	24.281 —
— Cognac-Jarnac. .	5	50 —	24.756 —
M. Mestreau, à Saintes. . . .	0	35 —	1.600 —
TOTAUX . . .	56 h.	45 a.—	253.756 souches

Il va sans dire que ces vignes représentent les situations les plus diverses sous le rapport du sol, du degré de maladie, de culture et de plantations. A peu d'exceptions près, elles se trouvaient au moment du traitement très affaiblies, sinon réduites à la dernière extrémité; le traitement, suivant les cas, a été effectué du mois de mars au mois de juin, et pour quelques-unes même, dans la première quinzaine de juillet. La dose de sulfocarbonate employée a été, en moyenne, de 300 kil. à l'hectare ou, suivant le mode de plantation, de 60 à 75 grammes par souche dilués dans 20 plus 5 litres d'eau. Ce n'est que tout à fait exceptionnellement que des fumures ont accompagné le traitement.

RÉSULTAT : Comme pour les circonstances, l'effet du remède a été aussi très varié. Suivant ce qui se passe habituellement dans les sols siliceux, il y a eu des exemples de régénération véritablement extraordinaires; sur les sols silico-argileux, ou même argileux, l'action de l'insecticide a été aussi très accentuée; sur les sols calcaires, frais et substantiels, il y a eu également de grands progrès. D'une manière générale, il n'y a pas jusque sur les plus mauvais terrains, crayeux ou calcaires, secs et maigres, où la vigne, même en pleine santé, a beaucoup de peine à vivre, où l'on n'ait constaté une amélioration dans l'état de la plante, tant est puissante l'action régénératrice du sulfocarbonate dans cette riche contrée viticole du Sud-Ouest.

D'ailleurs comme sanction du bon résultat, à peu d'exceptions près, tous les propriétaires de ces groupes sont disposés à continuer, à la campagne prochaine, l'application du sulfocarbonate, et même pour ceux qui peuvent le faire, à augmenter l'importance de leurs opérations.

SYNDICAT DE LIBOURNE

8 Propriétaires. — 41 hectares. — 259,799 souches.

Les vignes de ce syndicat sont, pour la plus grande partie, sur des sols siliceux ou silico-argileux, avec sous-sol imperméable, et le reste sur des terrains argilo-calcaires ou calcaires argileux. Les plantations comprennent de 5,600 à 10,000 souches à l'hectare.

Toutes ces vignes sont phylloxérées depuis fort longtemps, depuis 1873-1874 et étaient en général, au moment du traitement, très affaiblies. Il va sans dire que la récolte a diminué d'année en année dans la même proportion que la végétation, au point d'être extrêmement réduite partout; c'est ainsi, pour ne citer qu'un exemple, qu'en 1874, on récoltait sur 52 hectares au château des Tours 148 tonnes de vin et en 1879 plus que 30. Toutefois, dans les parties franchement siliceuses, la vigne a beaucoup mieux résisté; on ne voyait encore, au moment du traitement, que des taches plus ou moins grandes, au lieu d'un affaiblissement général. Le traitement a été effectué de la deuxième quinzaine d'avril au mois de juin, en mettant de 400 à 500 kil. de sulfocarbonate par hectare ou de 50 à 70 grammes par souche dilués dans 10 ou 20 litres d'eau, plus 5 ou 10 litres d'eau pure par dessus après absorption.

Résultat: Dans les parties sablonneuses, le résultat a été très remarquable; le chevelu s'est reconstitué, la pousse d'août a été très bonne, et la réinvasion a été à peu près nulle. Chez les voisins dans les mêmes conditions, grâce à la grande humidité du mois de juin, il y a bien eu aussi une reprise dans la végétation, mais on constate une très grande différence dans l'état des racines; dans ces dernières, il n'y a presque pas de chevelu et le peu qu'il y a est couvert d'insectes. Toutes ces productions pourriront sûrement d'ici au printemps, ce qui n'aura pas lieu dans les vignes traitées, et les propriétaires qui ne sauraient pas faire cette différence, qui ne s'en rapporteraient qu'aux apparences extérieures, et qui ne feraient pas traiter en 1881, sous prétexte que dans les vignes non traitées on a aussi constaté une reprise dans la végétation, éprouveraient certainement une bien grande déception à la fin de l'été prochain.

Sur les sols silico-argileux, avec sous-sol imperméable, dans les traitements faits en juin, il s'est produit un fait assez singulier et dont nous devons dire un mot. Deux ou trois jours après l'application du sulfocarbonate, quelques ceps disséminés çà et là ont eu leurs pampres flétris. Ce fait doit être, suivant moi, attribué aux grandes chaleurs du moment qui activaient considérablement l'absorption, au grand affaiblissement des ceps dont le système radiculaire était entièrement détruit (car cela n'arrivait qu'aux plus affaiblis) et à l'imperméabilité du sol qui faisait que la solution restait longtemps autour du pied de vigne avant de descendre dans les profondeurs de la couche arable. Mais la plupart des souches atteintes sont revenues à la santé quelques jours après, et finalement il n'y en a eu que quelques-unes qui ne se sont pas remises sur plusieurs centaines qui avaient été flétries. Comme dans les sols ci-dessus, l'amélioration à la fin de la saison était très sensible partout.

Sur les sols argileux calcaires ou calcaires argileux, la réinvasion du mois d'août a été plus grande que dans les cas ci-dessus, mais il y a eu néanmoins aussi un résultat très positif tant du côté des racines que de la végétation et de l'arrêt dans la maladie.

D'ailleurs tous les propriétaires que M. Damaniou, représentant de la Société, a vus lors de sa visite du mois de septembre, ont déclaré être satisfaits des résultats (1). Ils ne feront peut-

---

(1) *M. Damaniou* s'exprime en ces termes : — Le traitement des vignes du syndicat de Libourne a produit un effet normal. Chez tous les syndiqués, j'ai constaté la présence de nouvelles radicelles, munies d'un chevelu plus ou moins abondant, selon la nature du sol. Extérieurement, les rameaux sont manifestement plus allongés et plus forts que l'année dernière. Mais une reprise générale des vignes malades s'étant produite cette année, la différence entre la pousse de ces dernières et celle des vignes traitées n'est pas très sensible. Aussi les propriétaires, avant la visite minutieuse que je leur ai fait faire du système radiculaire de leurs vignes traitées comparées avec celles non traitées, étaient disposés à n'attribuer au traitement qu'une bien faible part dans l'amélioration de leur vignoble.

M. Delaage. — Au château de Salles, chez M. Delaage, sol très sablonneux, j'ai trouvé une très belle reconstitution de radicelles et un abondant chevelu ; je n'ai pas constaté de réinvasion.

MM. Fombert et Brisson. — Il en a été de même chez MM. Fombert et Brisson, le terrain étant moins sablonneux qu'à Salles, le chevelu est un peu moins

être pas traiter de nouveau en 1881, mais il faut l'attribuer à la faiblesse des revenus qui ne sont plus rémunérateurs depuis plusieurs années, et aussi un peu à la croyance très grande qui règne dans cette région, malgré l'augmentation des désastres d'une année à l'autre, que les vignes se régénèreront spontanément dans un temps plus ou moins long.

SYNDICAT DE BONNNETAN (GIRONDE).

6 Propriétaires. — 54 h. 60 a. — 211,716 souches.

Vigne de M. Cahagnet, château Senailhac.

29 hectares. — 85,986 souches.

Les vignes de M. Cahagnet comprennent environ 30 hectares sur des sols siliceux, silico-argileux, à sous-sol argileux et à terre franche; elles sont attaquées par le phylloxera depuis 1873; avant le traitement au sulfocarbonate, elles avaient déjà

---

abondant; néanmoins, la reconstitution est très belle et bien supérieure à celle des vignes non traitées; la réinvasion est presque nulle.

M. Azevédo. — Au château des Tours, chez M. Azevédo, j'ai constaté une réinvasion un peu plus forte que chez ces derniers, mais cependant insignifiante. Dans toutes les parties traitées, la reconstitution radiculaire s'est parfaitement faite.

Mme veuve Delaage. — A Canon, chez Mme veuve Delaage, l'état extérieur des vignes traitées offre un très beau contraste avec les vignes voisines; toutefois elles ne présentent pas la reprise que j'ai signalée chez les autres syndiqués. Ici nous sommes en terrain argileux; aussi les radicelles sont beaucoup moins nombreuses et moins développées, la réinvasion est plus considérable, mais pas assez pour être nuisible.

M. Delaage. — Je n'ai pas visité le vignoble de Rabanier appartenant à M. Delaage; mais son propriétaire m'a dit avoir constaté l'existence de nouvelles radicelles offrant une très belle apparence.

reçu plusieurs remèdes, tels que chaux, vidanges, engrais Garros, sulfure de potassium, qui tous ont été impuissants à les empêcher d'arriver au dernier état d'affaiblissement.

La moitié de la propriété est en jeunes vignes sans fil de fer, et le reste d'une vingtaine d'années sur fil de fer ; la plantation est en général à deux mètres en tous sens ; la récolte en 1879 a été pour ainsi dire insignifiante ; dans beaucoup de pièces, on ne pouvait même pas trouver de bois pour tailler, les racines étaient pourries jusqu'à près de 20 centimètres de la souche. Le traitement au sulfocarbonate a été effectué du 24 avril au 15 mai, en employant sur toute la propriété une dose uniforme de 120 grammes par souche, dilués dans 20 plus 5 litres eau, soit environ 500 kilogrammes par hectare. L'opération a été faite par un temps sec, succédant à de grandes pluies.

Résultat : Pendant tout l'été, les ceps ont conservé des feuilles de teinte uniforme, et les sarments se sont développés au point d'atteindre dans la plupart des cas jusqu'à 3 mètres de longueur ; le système radiculaire s'est aussi reconstitué dans la même proportion. Encore un traitement semblable, et le beau vignoble de M. Cahagnet, qui était si triste quand nous en avons entrepris la guérison, sera entièrement ramené à son ancien état.

Quant à la récolte, comme dans toute la région, les temps pluvieux du mois de juin ont amené la *coulure* des fleurs dans une si grande proportion, qu'elle a encore été extrêmement réduite dans ce qu'elle paraissait devoir être au début. La grêle est aussi venue aggraver les effets de la coulure. Les jeunes plants de deux ans, qui avaient été traités par erreur, à la dose de 120 grammes, comme les plus âgés et qui avaient été flétris, sont repartis vigoureusement du pied dans le courant de juillet et il n'y a eu que ceux qui avaient déjà leur système radiculaire détruit par le phylloxera qui n'ont pas repoussé. Eu égard à l'époque où ce traitement avait lieu, ce fait montre d'une manière remarquable le peu de danger qu'offre le sulfocarbonate sur la vigne, en même temps qu'il montre la nécessité d'une dose plus réduite pour les jeunes plants en végétation.

Vigne de M. Pesquier, à Bonnetan.

9 h. 20 a. — 29,130 souches.

Les vignes de M. Pesquier, président du syndicat, sont situées sur un plateau de terre franche, ou silico-argilo-grave-leuse, à sous-sol argileux imperméable. Attaquées par le phyl-loxéra depuis 1873, elles avaient été soignées avec différents remèdes, plus ou moins empiriques, qui n'avaient produit aucun bon résultat ; leurs racines, presque entièrement pour-ries, étaient envahies par le phylloxéra au point qu'au mois de mai on ne voyait aucune radicelle vivante sur les souches. Le traitement a eu lieu dans la première quinzaine de mai, par un temps sec, en mettant de 75 à 100 grammes de sulfo-carbonate par pied dans 20 plus 5 litres d'eau.

Résultat : Après le traitement, un arrêt d'environ une dizaine de jours s'est fait sentir dans la végétation, et, comme à Libourne, un certain nombre de ceps ont eu leurs pampres flétris, une espèce de paralysie générale qui est le propre du sulfure de carbone ; mais peu à peu l'activité végétale a reparu et un mois après, à part deux ou trois, tous les pieds qui avaient plus spécialement souffert avaient repris et déve-loppé comme les autres des sarments vigoureux en même temps que les racines se reconstituaient. A la fin de l'été, le vignoble de M. Pesquier était véritablement splendide et d'un aspect tel qu'il était littéralement impossible de croire qu'il était si malade que nous l'avons dit. Il y a eu là un résultat immense de la puissance régénératrice du sulfocarbonate ; malgré la coulure, la récolte a encore été de 20 tonneaux ou le double de ce qu'elle avait été en 1879, tandis que chez les voisins c'est, en général, le contraire qui a eu lieu.

Vigne de MM. Léo Frois et Vedey, à Bonnetan.

9 hectares.

Terrain de même nature que chez M. Pesquier, silico-argileux-graveleux, à sous sol imperméable ; sur certains points,
silico-argileux.

Ces vignes étaient en général encore plus affaiblies que celles
de M. Pesquier. Le sol est beaucoup moins riche, et les ceps
plus jeunes. Suivant les cas, certaines parties ont été traitées
à raison de 60 grammes par souche et d'autres à 120 grammes.

Le Résultat a été très bon partout où l'on a mis 120
grammes, mais où la dose n'a été que de 60 grammes,
l'effet n'a pas été aussi complet, quoique très réel et établis-
sant une grande différence avec les vignes non traitées d'à
côté.

Vigne de Mme la vicomtesse de la Faye, château de Lydes, commune de Baurech.

15 hectares.

Le terrain est très varié ; sur certains points il est siliceux
avec de petits cailloux, sur d'autres, silico-argileux-graveleux,
et enfin dans d'autres cas, argileux-calcaire ; le plus souvent
le sous-sol est argileux imperméable. Ces vignes étaient entièrement envahies et laissaient voir çà et là de nombreuses taches
où les premiers ceps atteints avaient disparu. Le traitement a
eu lieu, dans le courant de juin ; sur les parties les plus
réduites, on a mis 120 grammes de sulfocarbonate par pied,
et sur celles qui avaient encore un semblant de vigueur, 75
grammes seulement.

Résultat : Quelques jours après le traitement, on constatait
que dans tout le rayon d'action de la solution sulfocarbo-

natée les phylloxéras avaient disparu, et, dès la fin de juillet, les vignes traitées prenaient une teinte d'un vert foncé magnifique, annonçant une reprise vigoureuse dans la végétation. Au mois d'août, il y avait une différence considérable entre la vigne traitée et celle qui ne l'avait pas été.

En présence d'un tel résultat, Mme la vicomtesse de La Faye, qui n'avait d'abord fait traiter que huit hectares à titre d'essai, a redemandé à la Société de lui traiter dans le commencement d'août le restant de son vignoble, soit sept nouveaux hectares; malgré l'époque avancée de la saison végétative, tout en restant convaincu que ce traitement tardif ne vaudrait pas celui de juin, nous donnâmes les instructions nécessaires pour qu'il se fît, ce qui était encore préférable que de ne pas le faire.

Par la même occasion, on traita une deuxième fois, à raison de 120 grammes et 30 litres eau environ 3,000 souches des plus affaiblies, de celles qui avaient été traitées en juin avec 75 grammes de sulfocarbonate. Au mois d'octobre, à la fin de la végétation, on constatait déjà avec plaisir un abondant nouveau chevelu sain, qui venait de se développer, et qui faisait bien augurer pour l'année 1881. Quant aux 3,000 souches qui avaient reçu un deuxième traitement, elles faisaient l'admiration de tous les passants à la fin de septembre.

Donc, en résumé, excellent résultat apparent et encore meilleur au point de vue de l'avenir. Néanmoins, comme chez MM. Pesquier et ses voisins, nous avons aussi constaté que chez Mme de La Faye, la dose de 75 grammes était insuffisante et qu'il y avait le plus grand intérêt à l'augmenter, ce qui sera fait l'année prochaine.

Vigne de M. Brunet, au château Puyguerrand.

6 hectares.

Le sol de M. Brunet est argilo-calcaire, à sous-sol perméable, c'est-à-dire très favorable à la maladie. Aussi les vignes que nous avons traitées étaient-elles très affaiblies. Le traitement a eu lieu à la fin de juin, en mettant d'une manière générale 75 grammes par souche et 20 litres d'eau.

RÉSULTAT : Les effets du remède ont été très positifs. On constatait à la fin de septembre que de nombreuses radicelles s'étaient développées, que la vigne avait une bonne teinte et que les sarments s'étaient beaucoup allongés depuis le traitement. Néanmoins, vu l'époque tardive où les opérations ont eu lieu, le temps très pluvieux pendant lequel on les faisait, et la forte pente du terrain qui n'a pas permis de bien faire les cuvettes, les résultats n'ont certainement pas été ce qu'ils auraient été sans ces circonstances contraires.

SYNDICAT D'AIGRE (Charente).

6 Propriétaires. — 56 h. 4 a. — 252,990 souches.

Toutes les vignes de ce syndicat sont sur sol calcaire, à couche arable pierreuse, très peu profonde et à sous-sol formé de bancs de pierres plus ou moins fendillé, ou d'un tuf crayeux imperméable aux racines. Comme on le sait, un tel sol est extrêmement favorable à la maladie ; aussi la plupart des vignes qui ont été traitées étaient-elles arrivées au dernier degré d'épuisement, notamment celles de MM. Georges Gautier, Elie Gautier et Lucien Gautier pour son domaine de Chantereine ; malgré cette situation, la Société n'a pas hésité à entreprendre la régénération de ces vignes, convaincue qu'elle réussirait si les propriétaires veulent faire ce qu'exigent les circonstances.

Les traitements ont eu lieu dans le mois de mai et au commencement de juin. Les vignes les moins affaiblies ont reçu un traitement d'environ 90 grammes de sulfocarbonate par souche (soit 400 kilogrammes à l'hectare) dilués dans 20 plus 5 litres d'eau. Les parties les plus affaiblies ont d'abord reçu un premier traitement de printemps, à raison de 65 à 80 grammes par souche (300 à 350 kilogrammes), et un second traitement d'été dans le courant d'août à [raison de 50 à 55 grammes par cep avec 20 plus 5 litres d'eau. Certaines parties, malheureusement pas toutes, ont aussi reçu une petite fumure, composée de nitrate de soude et de superphosphate.

Résultat : Pour les vignes où la maladie n'avait pas encore fait des ravages trop profonds, les taches ont été circonscrites ; l'uniformité s'est peu à peu faite dans toute la surface et l'on n'a pas vu de nouveaux points d'attaque. Quant aux vignes qui avaient reçu deux traitements, jusqu'au 15 juillet, comme il arrive toujours eu pareil cas, elles ne paraissaient pas avoir profité du remède ; elles étaient restées jaunes, et leurs sarments ne s'allongeaient plus depuis le mois de mai ; sur les racines on commençait à voir poindre de nombreuses nouvelles productions radicellaires. Lors du deuxième traitement, le nouveau chevelu était déjà très abondant, et la végétation, dans les sarments, qui avait été si longtemps arrêtée, était repartie. Les insectes de la réinvasion d'été ayant été détruits, la pousse d'août s'est faite dans de très bonnes conditions, et il y a tout lieu de croire qu'en 1881 il y aura une amélioration considérable dans l'état de ces vignes, à la régénération desquelles personne ne croit dans le pays, tant elles étaient réduites au moment du traitement. Le sulfocarbonate réussissant sur ce point, son crédit ne peut que s'accroître énormément dans l'esprit des propriétaires de la contrée qui considèrent, nous le répétons, comme impossible la régénération de telles vignes. (1)

---

(1) Voici d'autre part la lettre très intéressante que M. le Président du syndicat a envoyée au mois de novembre dernier à M. le Préfet de la Charente sur ces traitements.

Monsieur le Préfet,

En réponse à votre lettre du 6 courant, j'ai l'honneur de vous rendre compte des travaux que notre Syndicat a exécutés en 1880 pour la défense des vignes de ses associés contre les ravages du phylloxéra.

Des trois moyens de guérir la vigne recommandés par la Commission supé-

CONCLUSIONS SUR LES TRAITEMENTS EN PREMIÈRE ANNÉE
DE LA RÉGION DU SUD-OUEST

Ce qui ressort de plus net dans les traitements du Bordelais et des Charentes en première année, c'est : 1° la puissance immense de régénération du sulfocarbonate dans cette région,

---

rieure du phylloxera, un d'eux, la submersion, est de toute impossibilité dans nos vignobles charentais, tous situés sur des coteaux en pente et plus ou moins élevés au-dessus du niveau de l'eau dans les vallées ; le second, le sulfure de carbone, nous a paru bien difficile, sinon impossible, dans la grande majorité de nos terrains à couche végétale très mince sur un sous-sol pierreux, formé de roches calcaires assez dures pour rendre l'enfoncement du pal injecteur un travail très pénible et très coûteux. Ce sous-sol pierreux, dans lequel les racines de la vigne pénètrent presque toujours à travers les failles du rocher à des profondeurs assez grandes, s'opposerait à la diffusion du gaz insecticide, et même si le pal pouvait s'y enfoncer, aucun résultat utile ne serait atteint. Il n'y avait donc qu'un essai à tenter ; le troisième moyen, le sulfocarbonate de potassium qui, répandu à chaque souche au moyen de 20 à 30 litres d'eau, s'infiltrerait plus sûrement qu'aucun autre dans le roc et pourrait suivre comme les racines toutes les crevasses du rocher pour atteindre plus sûrement l'insecte dans ses retraites les plus profondes. Telles sont les raisons qui nous ont conduits à préférer le sulfocarbonate à tout autre remède, surtout depuis que MM. Mouillefert et Hembert ont approprié à ce traitement tout un matériel puissant, qui rend l'eau à pied d'œuvre en quantités considérables et à des prix plus abordables.

Suivant l'état des recettes et des dépenses de l'Association qui accompagne ce rapport, vous verrez que le Syndicat a soigné 56 hectares 12 ares 94 centiares pour la somme de 20,961 fr. 30 c., soit une moyenne de 373 fr. 43 c. par hectare, et cela pour un premier traitement, le seul qui soit suffisant dans la majorité des cas ; mais une partie de ces vignes, vu leur état de maladie très avancé et la faiblesse du terrain calcaire, soit 20 hectares 24 ares 31 centiares ont reçu par nécessité un second traitement à la fin d'août. Ce second traitement a coûté 4,497 fr. 25 c., soit une moyenne de 221 fr. 07 c. par hectare.

La quantité de sulfocarbonate de potassium employée a été de 400 kilogrammes à l'hectare pour les vignes soumises à un seul traitement ; celles soumises à deux traitements ont reçu au premier les unes 300 kilogrammes, les autres 400 kilogrammes, suivant leur état de fertilité. Au second, elles ont reçu une quantité uniforme de 200 kilogrammes à l'hectare. La quantité d'eau employée a été, en général, à chaque traitement de 25 litres par souche, soit 20 litres d'eau mélangée de sulfocarbonate et 5 litres d'eau pure pour lavage par dessus le mélange.

Comme vous le verrez par les réponses des divers associés aux questionnaires qui leur ont été remis, les résultats sont assez satisfaisants dans l'ensemble. Ils sont très apparents là où la maladie avait fait peu de progrès avant le trai-

notamment dans les sols siliceux, graveleux, ou même argilo-siliceux; 2° que la dose de 60 à 75 grammes par souche est bien plus énergique que dans le Midi; elle est non seulement

---

tement, mais là où le phylloxera avait déjà fait de grands ravages, où les sarments étaient à peine de 10 à 20 centimètres de long et même moins, on ne peut encore juger d'une manière certaine le résultat définitif.

Les sarments ont bien allongé un peu, et on a aussi constaté la formation d'un nouveau chevelu dans les racines, mais on a surtout remarqué une teinte vert foncé dans les feuilles, teinte qui a persisté jusqu'à la fin de la végétation et qui persiste encore malgré le froid survenu, en face des vignes voisines, non traitées, qui sont d'un jaune inquiétant; toutes choses qui étonnent les incrédules sans les convaincre encore. En effet, pour les convaincre tout à fait, il faudrait voir non seulement une teinte verte aux feuilles à côté de la jaunisse des vignes voisines, mais il faudrait aux sarments un allongement plus accentué, il faudrait surtout à ces sarments des fruits, et des fruits arrivant à une maturité normale.

Ce résultat définitif, nous ne pouvons l'attendre que l'année prochaine pour la majorité des vignes traitées, peut-être même dans deux ans pour une partie dont l'état de maladie est très avancé et dont le terrain est très pauvre.

Ce ne sera pourtant pas de la faute des propriétaires syndiqués si ce résultat n'est pas atteint plus tôt, car beaucoup n'ont pas hésité à faire de grands sacrifices en accompagnant le traitement d'une fumure qui leur est revenue à plus de 200 francs par hectare. Cette fumure consistait en une dose de 80 grammes par souche d'un composé chimique formé de 3/4 de nitrate de soude et de 1/4 de superphosphate de chaux, ce qui, avec la potasse du sulfocarbonate et la chaux naturelle au terrain formait bien l'engrais le plus complet et le plus énergique qu'on puisse donner à un sol appauvri.

C'est aussi avec bien des regrets que la Société syndicale que je préside a été obligée de renoncer à traiter une grande partie des vignes que les associés s'étaient promis de soigner à cette époque. La difficulté de se procurer du sulfocarbonate en quantité suffisante, les retards des fabricants dans la confection du matériel considérable nécessaire à l'emploi du sulfocarbonate après un hiver aussi rigoureux, tout a contribué à empêcher la Société Nationale contre le Phylloxéra (avec laquelle nous avions traité), de remplir ses engagements; ce n'est qu'à la fin de mai qu'elle est venue commencer les travaux dans notre contrée, et la mi-juillet était arrivée quand on en a vu la fin pour le premier traitement alors qu'il est avéré que les mois d'avril et mai sont les plus favorables à la réussite et qu'on ne devrait pas dépasser au plus le 15 juin. Voilà pourquoi trois de nos associés ont renoncé à faire traiter leurs vignes pour cette année et une partie de ceux qui ont risqué l'expérience n'ont pas livré aux opérateurs toutes les quantités pour lesquelles ils avaient souscrit. Mais vous verrez par les réponses aux questionnaires que la plupart ont l'intention d'augmenter ces quantités pour l'année prochaine, et je n'ai plus de doute que nous n'arrivions à exécuter pour la campagne prochaine notre programme primitif qui comprenait 85 hectares.

Nous n'avons utilisé cette année que 12,729 fr. 27 c. sur la subvention de 17,000 francs à nous allouée par l'État en vertu de la loi du 2 août 1879. Mais

préservatrice, mais elle est encore régénératrice à un degré très accentué ; toutefois comme dans la première région, la régénération des ceps affaiblis est pour ainsi dire proportionnelle à la dose de sulfocarbonate employée ; 3° les jeunes plantations de 4 à 20 ans profitent d'une manière tout à fait spéciale de la médication.

---

nous vous prions de nous faire obtenir le chiffre de 17,000 francs pour l'année prochaine. Cette épreuve sera décisive pour les voisins ; au point de vue de la réussite du traitement, il serait fâcheux de s'arrêter à mi-chemin dans une voie qui paraît être pour le pays vignoble de la Charente la seule pratique. Dans cet espoir, j'ai bien l'honneur, Monsieur le Préfet, etc., etc.

Signé : GAUTIER aîné,
Maire d'Aigre, président du Syndicat.

CHAPITRE II

VIGNES AYANT DEUX ANS DE TRAITEMENT

Vignes de M. Jules Maistre.

9 h. 70 a. environ. — 38,800 souches.

Cinq pièces de vignes à Villeneuvette ont été depuis 1879 soumises au traitement régulier du sulfocarbonate appliqué conformément à mes instructions au moyen de nos appareils mécaniques. A part une pièce qui présentait encore une assez belle apparence de vigueur, mais qui en réalité était très atteinte, toutes ces vignes étaient arrivées au dernier degré d'épuisement. Un grand nombre de ceps étaient même déjà morts, soit isolément, soit par surface entière.

. Le sol est assez peu varié ; il est argilo-siliceux-graveleux, avec une très forte proportion de fer ; la couche arable est aussi formée de nombreuses petites pierres d'origine porphyrique ou basaltique qui proviennent des montagnes environnantes qui surmontent la propriété de Villeneuvette. En présence de pareille condition, je décidai qu'il y avait lieu de donner deux traitements de 300 kilogrammes de sulfocarbonate chacun. Le premier eut lieu dans le courant d'avril à raison de 75 grammes de sulfocarbonate et de 25 litres d'eau par souche. On effectua le second vers la fin de juillet et le commencement d'août, mais seulement sur les quatre pièces qui étaient le plus affaiblies. C'est à tort que, contrairement à mon avis, on négligea la cinquième.

Le Résultat a été tel que je l'espérais. A la faveur du premier traitement, les ceps les plus affaiblis ont commencé à reconstituer leur système souterrain ; la deuxième opération a protégé les nouvelles productions radicellaires contre la réinvasion phylloxérique d'été, et la pousse d'août s'est effectuée de manière à allonger les sarments de quelques décimètres. Mais le fait essentiel, c'est que le système radiculaire s'était partout reconstitué dans des proportions qui faisaient bien augurer pour 1880.

Quant à la récolte, elle ne pouvait être bien considérable, eu égard au degré de maladie, et sachant d'autre part que le meilleur traitement fait au printemps n'a guère d'influence sur la fructification qui suit que pour amener à bien ce qui existe à l'état d'embryon dans les bourgeons floraux. Aussi, à part la pièce dite de Laramon de la Grange, qui n'était pas encore tout à fait tombée, et où la récolte a été encore passable, la vendange a-t-elle été très faible sur les autres pièces, comparée à ce qu'elle était avant la maladie ; et encore, il convient d'ajouter que ce qui a été obtenu, doit être entièrement attribué au traitement qui a permis d'amener à maturité les raisins existant et qui n'y seraient pas arrivés sans cela.

Traitement de 1880. — Malgré l'amélioration sensible dans l'état des vignes ci-dessus, à la suite des deux traitements de l'année dernière, le propriétaire, M. Jules Maistre, décidé à ne reculer devant aucun sacrifice pour les régénérer totalement le plus tôt possible, n'a pas hésité, d'après nos conseils, à faire deux autres applications de sulfocarbonate cette année, de chacune 300 kilos. La première a eu lieu en mai, et la deuxième à la fin de juillet.

Résultat. — Le résultat de ces deux années de traitement a été on ne peut plus remarquable. La végétation, il est vrai, n'a pas encore tout à fait reconquis son ancienne vigueur sous tous les rapports. Mais les pousses ont atteint un développement beaucoup plus considérable que l'année dernière, et sur beaucoup de points, elles ont leur longueur normale. Le système radiculaire a continué à se refaire, dans d'excellentes conditions. La récolte n'a pu être encore très élevée, les souches n'ayant pas encore assez de réserve nutritive d'emmagasinée. Elle a même été, comme les chiffres ci-dessous le démontrent, inférieure à celle de l'année dernière.

	Surface.	Hectolitres 1879.	par hectare 1880.	Différence.
1º Vigne du Peyron . .	2 h. »	17 hect.	9 hect. »	— 8 hect. »
2º Les Estaquettes . .	1 h. 50	20 hect	10 hect. »	— 10 hect. »
3º La Bosse	3 h. 20	18 hect.	15 hect. 6	— 2 hect. 4
4º La Vigne du Four .	1 h. »	16 hect.	18 hect. »	+ 2 hect. »
5º Laramon de la Grange	2 h. »	72 hect.	36 hect. 2	— 35 hect. 8

9 h. 70

Comme on le voit, toutes les pièces, sauf la quatrième, ont donc moins produit qu'en 1879. Mais ce fait n'a rien d'extraordinaire et n'en démontre que mieux à quel degré d'épuisement étaient arrivées les vignes en question ; la *puissance vive* de la maladie, si je puis dire ainsi, était si grande, pour ce qui concerne la fructification, que le sulfocarbonatage n'a pu l'enrayer immédiatement.

L'effet le plus évident du remède a été d'avoir empêché la mort certaine de ces vignes ; malgré une année de plus de phylloxéra, la récolte n'a pas diminué dans les proportions qui auraient certainement existé si on n'avait rien fait, enfin, comme nous le disions ci-dessus, d'avoir apporté au système radiculaire et à la partie aérienne une amélioration extrêmement remarquable, qui annonce une régénération prochaine et sûre. La pièce de Laramon de la Grange seule fait exception. Son état est moins satisfaisant qu'en 1879. Voici l'explication de ce qui est arrivé : en 1879, cette vigne était totalement envahie, ses racines étaient même déjà tout à fait altérées, sans que les souches fussent épuisées ; elles possédaient encore en elles-mêmes assez de vigueur pour donner de belles pousses et une fructification presque complète. Dans ces conditions, le traitement ne peut couper court au mal, il

y a toujours une chute inévitable que le remède arrive tout au
plus à ralentir; tandis que les quatre autres pièces qui avaient
atteint le dernier degré d'épuisement, leur végétation et leur
état ne pouvaient que s'améliorer, et c'est ce qui est arrivé.

Toutefois, grâce aux deux traitements de cette année, tout
permet d'espérer une reprise complète et prochaine de cette
vigne.

Quant au prix de revient de chaque opération on peut
l'estimer à environ 250 francs l'hectare. Les traitements de
M. Maistre se font au siphon avec le système mécanique de
la Société, ce qui permet de réaliser une grande économie.

La Provenquière.

111 h. 70 a — 446,816 souches.

Rappelons en quelques mots quel était l'état de la Provenquière au moment de commencer le traitement. La Provenquière comprend de 120 à 125 hectares complantés en vignes,
ou plus exactement environ 450,000 souches. Les premières
attaques visibles du phylloxéra datent de 1877 et 1878; en
1879, au réveil de la végétation, dans les premiers jours de juin,
avant que le traitement eût encore fait sentir ses effets, 14 à 15
taches plus ou moins importantes étaient réparties sur environ
la moitié sud du domaine.

M. Teissonnière, dont le dévouement à cette grande
question du phylloxéra est considérable, et en viticulteur
émérite et clairvoyant, n'a pas voulu attendre, comme
malheureusement beaucoup le font, que le mal eût causé
des ravages importants dans ses vignes et ait pris le dessus
pour commencer à l'attaquer. C'est à lui que revient l'in-
signe honneur et le mérite d'avoir été le premier à appliquer le traitement du sulfocarbonate à toute la superficie d'un
grand vignoble lorsqu'il ne présentait encore que des taches,
et d'avoir ainsi compris et mis en pratique le conseil que je

donnais depuis si longtemps aux viticulteurs de traiter dès le début de l'invasion, sinon préventivement, quand le fléau est aux portes de propriétés supposées encore indemnes. En agissant ainsi, on se proposait, à la Provenquière trois buts essentiels :

1° Détruire les nombreux foyers d'infection qui ne s'étaient pas encore manifestés extérieurement, c'est-à-dire les taches à l'état latent, résultant d'invasion plus ou moins récente;

2° Empêcher les points malades de s'étendre tout en les rétablissant dans leur ancienne vigueur;

3° Conserver le vignoble productif aux meilleures conditions possibles, parce que, en traitant tôt, il faut moins de sulfocarbonate, le remède coûte par conséquent moins cher, et l'on a des produits pour le payer.

1ᵉʳ Traitement, 1879. — Le traitement fut effectué du 13 février au 17 mai, à raison de 75 grammes de sulfocarbonate par souche (300 kilogrammes à l'hectare) dilués dans 15 ou 25 litres d'eau suivant la sécheresse du sol, et le double de ces quantités pour les parties contaminées. (Voir Rapport de l'année dernière.)

Résultat. — Les résultats obtenus en 1879 peuvent se résumer ainsi: les quelques taches que l'on connaissait au moment du traitement (dont l'ensemble comprenait environ 12,050 souches), qui avaient été traitées d'une manière spéciale au printemps, étaient pour la plupart à la fin de l'année complètement effacées, ou parfaitement circonscrites sous le rapport de la végétation. Nous avons même eu la satisfaction, pour deux d'entre elles, les moins développées, il est vrai, d'avoir anéanti les insectes au point de ne pas en retrouver un seul le 25 septembre, malgré les recherches les plus minutieuses, ni même leur trace sur le système radiculaire. Sur deux taches seulement situées sur des parties de terrain extrêmement aride et où la vigne en pleine santé a beaucoup de peine à vivre, le mal n'a pu être enrayé d'une manière satisfaisante. Quant aux nouvelles taches qui ont apparu après le traitement, au réveil de la végétation et que l'on ignorait par conséquent au moment des opérations, comme elles n'avaient reçu que la dose de sulfocarbonate d'un traitement considéré comme préventif, elles n'ont pu être que circonscrites; elles n'ont pu être effacées complètement; bien que les effets du remède fussent bien visibles, il restait encore une petite différence avec les ceps d'à côté ayant une végétation normale.

Opération de 1880. — Cette année on a renouvelé le traitement. Les parties où l'on n'avait pu distinguer extérieurement les caractères de la maladie ont reçu 60 grammes de sulfocarbonate par souche, dilués dans 20 litres d'eau, plus 5 litres de même liquide par-dessus après absorption; les cuvettes, de forme circulaire, avaient de 75 à 80 centimètres de rayon. Les parties où l'on avait reconnu la maladie ont été traitées à raison de 125 grammes de sulfocarbonate par pied, dilués dans 40 litres d'eau plus 10 litres, après absorption par le sol de la solution toxique. Les cuvettes avaient de 1 mètre à $1^m,15$ de largeur dans les parties planes, et moitié moins grandes et doubles en nombre dans les parties déclives, en un mot, telles que toute la surface et tout le volume infestés fussent imbibés de manière à détruire tous les insectes. On a ainsi traité environ 28,000 souches ou l'équivalent de 7 hectares.

On a profité de l'installation pour traiter quelques voisins de la Provenquière, de sorte que le groupe comprenait 489,857 souches ou en surface complantée, environ 132 hectares, et en surface pleine de 4,000 souches 123 hectares. Les opérations ont commencé le 10 janvier et ont été terminées le 13 mars, soit en soixante-quatre jours, ou en déduisant les mauvais temps et les dimanches, en cinquante-quatre, ou mieux en 12,470 heures. Deux machines ont été employées : une pompe foulante à action directe de la force de 15 chevaux, et une deuxième actionnée par transmission de la force de 4 chevaux. On a traité avec la première 362,371 souches, et avec la seconde 127,486 souches. Le prix du traitement, entrepris à forfait par la Société nationale, était de 250 francs par hectare de

4,000 souches. Le liquide nécessaire à la formation de la solution sulfocarbonatée a été refoulé jusqu'à près de 3,000 mètres pour une altitude réelle de 56 mètres.

État du vignoble au 18 juin 1880. — Pour bien apprécier les résultats de cette année à la Provenquière, il faut avant tout établir quel était l'état du vignoble à la fin de la première quinzaine de juin, c'est-à-dire à l'époque où les ceps ont épuisé leurs réserves nutritives et avant que les bienfaits du traitement de printemps ne se soient encore manifestés. Au 18 juin, voici exactement ce que l'on constatait : on comptait 17 taches dont voici la description sommaire :

TACHE Nº 1. — De la pièce de *la Source*. — 750 souches rabougries en 2 foyers ou 2 sous-taches (25×30 = 750) et 12 à 1,500 environ d'attaquées. Cépage alicante, sol calcaire profond mais peu fertile. Les racines des ceps en général très malades. Une des taches était connue au moment du traitement et a été traitée avec 125 grammes, et l'autre ne s'est déclarée qu'en juin 1880 et avait été traitée avec 60 grammes ; aussi trouve-t-on beaucoup de phylloxéras dans les intervalles des ceps qui n'ont pas été pénétrés par la solution toxique tandis que l'on n'en trouve pas dans l'ancienne tache.

TACHE nº 2. — *Carignan du Travers*. — 19 souches très rabougries, nouvelle tache, sol calcaire, vigne âgée de 18 ans.

TACHE Nº 3. — A 8 mètres plus loin à l'est de la précédente 16 ceps très rabougris, racines très malades, nouvelle tache ; entre ces deux foyers, végétation très belle, nouveau chevelu et pas de phylloxéras.

TACHE Nº 4. — Partie ouest du *Grand-Pleinier*. — Vigne de quatre ans, sol calcaire siliceux assez riche, profond, 832 souches très affaiblies, pousses de 20 à 30 centimètres, tandis que sur les pieds non malades elles ont 1^m20 à 1^m50. Le système radiculaire est presque tout détruit ; cette tache a été découverte en juin 1879, après le premier traitement. Au 18 juin 1880 on ne trouve pas d'insectes et l'on voit un abondant nouveau chevelu se développer.

Tache n° 5. — A 5 mètres de la précédente ; 600 souches au même état et possédant les mêmes particularités.

Tache n° 6. — Vignes des *Gours*. — Alicante, 2,750 souches. A part la pointe du sud-ouest (4 à 500 souches environ), toute la pièce est très rabougrie. Affaiblissement sensible sur l'année dernière, 200 souches à l'angle sud sont encore très belles. Sol argilo-siliceux feuilleté, très aride. Les ceps rabougris ont la base des racines encore en bon état, mais les extrémités sont détruites. Pas de phylloxeras et pas encore de nouveau chevelu.

Tache n° 7. — *Aramon du Gours*. — Ancienne tache de 1879. 53 souches très affaiblies. Sol calcaire médiocre. D'après la végétation du mois de septembre 1879, je croyais cette tache complètement effacée. Racines en très mauvais état. Sol en pente. Traitement de 1880 incomplet. Racines du haut phylloxérées et pas de chevelu. Racines du bas baignées par la solution sulfocarbonatée sans insectes et nouveau chevelu.

Tache n° 8. — *Aramon long du Roc*. — 58 souches rabougries. Tache de 1879. En septembre 1879 on n'a compté que 10 souches affaiblies. Traitement complet cette année. Anciennes racines en très mauvais état, on voit du nouveau chevelu et on ne trouve pas d'insectes. La tache comprend au moins 150 ceps. Sol calcaire de bonne qualité. Aramon de 20 ans.

Tache n° 9. — Dans la même vigne (le long du fossé) au-dessus, on voit une autre tache de 105 souches qui n'en comptait l'année dernière que 5. Traitement préventif en 1879, complet cette année. Anciennes racines en mauvais état. Pas d'insectes. Du nouveau chevelu apparait.

Tache n° 10. — *Alicante du Roc*. — Apparue en 1879 après le traitement, en face de la précédente. 520 souches déjà très malades. Sol argilo-calcaire pauvre. 35 centimètres de profondeur. Tuf argileux. Toute la pièce semblait envahie.

Tache nᵒ 11. — *Tokay de la Clavarie.* —Bien que l'on ne voie bien distinctement que trois taches, toute la pièce qui comprend environ 4,646 souches, semble être prise. Sol calcaire blanc, pierreux, de très mauvaise qualité. Quoi qu'il en soit, la tache au sud comptait 100 souches affaiblies, celle du nord environ autant, et celle de l'ouest 150. Entre les taches, belle végétation, mais on trouve des phylloxeras ; ces taches qui ont apparu l'année dernière après le traitement ont été traitées cette année à la dose de 125 grammes de sulfocarbonate par souche ; aussi les phylloxeras y sont-ils extrêmement rares.

Tache nᵒ 12. — *Aramon du carré du Roc.* — Immédiatement au-dessus du Tokay ci-dessus, 110 souches déjà très affaiblies. Cette tache n'était pas visible l'année dernière. Racines très détériorées. Un peu de nouveau chevelu. Traitement préventif de 55 grammes par souche. On trouve des insectes dans les intervalles des cuvettes. Cette tache doit s'étendre beaucoup plus loin que les apparences ne l'indiquent.

Tache nᵒ 13. — *Aramon de la Blanquette.* — Au-dessous du mamelon, une tache (15 × 30) de 450 souches ; sol silico-argileux très maigre ; pousses de 85 à 45 centimètres ; racines très malades, altérées depuis longtemps ; nouvelle tache ; traitement simple de 55 à 60 grammes.

Tache nᵒ 14. — *Aramon de la plaine, Blanquette.* — Dans la même pièce que ci-dessus, au-dessous du Tokay du mamelon, 35 souches rabougries, racines très malades ; on commence à voir du nouveau chevelu, pas d'insectes. Traitement de 125 grammes.

Tache nᵒ 15. — *Saint-Sébastien*, à l'ouest du puits. — Sol silico-argilo-graveleux. 22 souches rabougries ; racines très décomposées ; pas d'insectes où l'on a mis la solution, mais il y en a entre les cuvettes. Nouvelle tache traitée simplement, on ne voit pas encore de nouveau chevelu.

Tache nᵒ 16. — *Saint-Sébastien*, à la pointe ouest ; à 50 mètres du chemin. —38 souches affaiblies. Mêmes caractères que ci-dessus.

Quelques autres taches qui n'étaient pas visibles au 18 juin ont aussi été découvertes à la fin de l'été dernier.

Résultat en 1880 : D'après ce qui précède, où l'on a vu le nombre et l'étendue des taches s'augmenter d'une année à l'autre malgré le traitement, quiconque n'est pas au courant de la manière d'être de la nouvelle maladie est naturellement amené à la croyance que les résultats obtenus à la Provenquière laisseraient à désirer sous le rapport de la puissance du remède employé pour réparer les dégâts du fléau et l'enrayer dans sa marche. Cependant il n'en est rien. Quand nous aurons dégagé, comme nous allons le faire, la situation exacte de cette propriété et les différents éléments en jeu lors des traitements, l'efficacité des moyens mis en œuvre ressortira au contraire d'une manière on ne peut plus nette. En effet, voici ce qui s'est passé :

Lors du premier traitement, la maladie existait sous trois états différents : 1° à l'état apparent manifesté par les taches alors connues ; 2° à l'état de taches non encore visibles, parce que le phylloxéra n'avait pas encore causé suffisamment de dégâts aux racines pour les rendre apparentes à première vue, mais que l'on aurait pu trouver par des recherches sérieuses si on avait organisé un service en ce sens; 3° les taches ou points seulement envahis par l'œuf d'hiver déposé en 1878. Le traitement de 1879, effectué du mois de février au mois d'avril, s'est trouvé en présence des deux premiers états: l'un dont on connaissait les positions, et l'autre dont on ignorait les lieux d'élection. Par cela même le traitement a été différent; tandis que dans les quelques endroits où l'on connaissait le mal on a fait un traitement curatif et régénérateur, dans ceux où il était invisible, le traitement n'a été que préventif, comme si l'invasion n'existait pas encore, ou était toute récente et encore confinée à la base de la souche et des grosses racines.

On sait ce qui est arrivé : les trois ou quatre taches connues, au moment du traitement de 1879, se sont toutes montrées au mois de juin de cette même année 1879 (époque où la végétation donne le degré exact de maladie de l'année précédente) plus grandes qu'elles avaient paru être à première vue : et cela parce que le phylloxera produisant surtout son action nuisible aux racines pendant la sève de printemps, du mois de mai au mois de juillet, et que lorsque celles-ci sont altérées au point de ne plus accomplir normalement leurs fonctions, la végétation, la longueur des pousses et la récolte ont acquis tout leur développement et ne peuvent donner la juste mesure du degré de la maladie ; de sorte que le remède que l'on applique au printemps suivant se trouve toujours en présence d'un mal plus grand que les apparences extérieures ne l'indiquaient, c'est-à-dire d'un système radiculaire qui n'est plus à même de fonctionner. Dans de pareils cas, il faut attendre qu'il se soit déloppé de nouvelles racines pour que l'on voie une amélioration dans la végétation de la plante, ce qui ne peut avoir lieu avant le mois de juillet et les mois suivants. C'est exactement ce qui s'est passé en 1879 pour les taches connues en 1878 et traitées au printemps suivant.

Quant aux taches qui ont apparu après le premier traitement, en juin 1879, et qui étaient avant inconnues, d'après ce qui précède, leur apparition s'explique très facilement ; les ceps de ces taches avaient eu dans le courant de l'été de 1878, leur système radiculaire altéré, état que *la force vive* de la végétation n'avait pas permis de déceler à première vue, et qui n'a pu l'être qu'après l'extinction de ladite force vive, qui arrive généralement, comme nous l'avons dit, l'année suivante, plus ou moins tôt après le réveil de la végétation, suivant que le ceps contient en lui plus ou moins de matière nutritive emmagasinée. Comme ci-dessus, le remède s'est trouvé en présence de souches ruinées dont il a fallu avant tout reconstituer le système radiculaire qui avait été détruit l'année antérieure.

Quant aux points où le phylloxera était à l'état d'œuf d'hiver, il est évident que son action ne pouvait se manifester extérieurement au plus tôt, les choses se passant naturellement, qu'en 1880, l'année 1879 ayant été consacrée à l'envahissement du système radiculaire. Tel était l'état du vignoble de la Provenquière, au commencement des traitements. Nous avons vu plus haut quel avait été le résultat de la première année. Nous avons vu également quel était l'état des vignes au printemps dernier et comment le deuxième traitement a été effectué. Demandons-nous aussi, avant de passer à l'exposition des résultats de 1880, pourquoi les anciennes taches ont été trouvées agrandies et plus nombreuses au réveil de la végétation.

Faisons tout d'abord remarquer que l'agrandissement n'a eu lieu que sur des taches invisibles lors du traitement de 1879 ; que les quatre qui nous étaient alors connues ont été, pour doux, parfaitement circonscrites, et les deux autres maintenues à l'état prospère.

Quant aux autres, leur agrandissement n'a pas d'autre cause que ce fait que l'on n'avait traité, en 1879, que sur un rayon trop limité, et que l'on avait ainsi laissé en dehors de l'action du remède, une bonne partie des racines qui ont été détruites par les nombreux insectes qui avaient été épargnés ; dès lors ces ceps ayant perdu une forte proportion de leur système radiculaire par suite de cette espèce de *serfouissage* fait par les parasites, leur vigueur s'en est ressentie et pour leur redonner leur ancien état, il fallait avant tout, par un traitement spécial, réparer les pertes dans le système radiculaire ; ce qui a été fait cette année au printemps de 1880.

Pour ce qui est des quelques nouvelles taches reconnues pour la première fois, en juin 1880, leur apparition s'explique aussi aisément en faisant observer que lors du traitement de 1879, le mal en ces endroits avait déjà envahi les souches sur un plus grand rayon que celui où a porté le traitement, ce qui les fait retomber dans le cas précédent, ou bien encore, par des insectes épargnés lors de la première opération, soit par suite d'une mauvaise répartition de la solution sulfocarbonatée, soit parce que des souches avaient été oubliées par des ouvriers inattentifs.

ÉTAT DES TACHES A L'AUTOMNE DERNIER *(fin de novembre)*.

1ʳᵉ TACHE de la pièce de *la Fontaine*. — Cette tache est parfaitement circonscrite ; la partie que l'on a traitée à raison de 120 grammes et 40 litres d'eau est complètement effacée. Dans l'ensemble des deux taches au lieu de voir 750 souches affaiblies, il n'y en a plus que 80 qui n'ont pas encore reconquis leur état normal, mais dont l'état s'est considérablement amélioré. *Le remède a donc été très efficace* sur cette partie.

2ᵉ TACHE du *Travers de Carignan*. — Nouvelle tache traitée à 60 grammes. Les pousses se sont allongées depuis le mois de juin ; les vieilles racines sont détruites et les nouvelles sont couvertes de phylloxeras. Résultat médiocre.

3ᵉ TACHE. — Nouvelle tache traitée à 60 grammes, comme la précédente, ne s'est pas beaucoup améliorée.

4ᵉ et 5ᵉ TACHES de 1879. — Traitées cette année à 120 grammes ; *reconstitution complète des 1,432 souches ;* radicelles nouvelles ; nombreuses réinvasions très faibles ; presque pas de phylloxeras ; excellents résultats.

6ᵉ TACHE. — *Alicante du Gourses*. — Ancienne tache de 1877 considérablement réduite ; très peu d'insectes et quelques nouvelles racines ; eu égard à la mauvaise qualité du sol et à la situation, excellent résultat ; avec un nouveau traitement, tout fait espérer que cette tache sera effacée l'année prochaine, ce qui était considéré comme impossible quoi que l'on fît.

7ᵉ TACHE de l'*Aramon du Gours*. — S'est un peu agrandie depuis le mois de juin ; elle compte environ 100 souches au lieu de 53, ce qu'il faut attribuer à la mauvaise application du remède par suite de la pente trop forte du terrain (on n'a pas pris les précautions nécessaires) et à la mauvaise qualité du sol. Réinvasion assez considérable, néanmoins les pousses des 53 ceps de la tache primitive se sont allongées d'une manière sensible depuis le mois de juillet.

8ᵉ et 9ᵉ Tᴀᴄʜᴇs de l'*Aramon du long du Roc* de 1879. — Ces deux taches qui comptaient au 18 juin, 255 souches affaiblies, ne se sont pas agrandies, elles ont même été considérablement réduites; de plus les ceps affaiblis ont allongé leurs pousses; les vieilles racines sont dépourvues de chèvelu mais sont bonnes; les nouvelles, quoique phylloxérées depuis les derniers mois de l'été, sont en bon état. En somme le remède a produit un résultat très satisfaisant sur ces taches.

1ᵉ Tᴀᴄʜᴇ de l'*Alicante du Roc*. — Nouvelle tache traitée à 60 grammes; traitement incomplet, mauvais résultat, pas d'amélioration sensible.

11ᵉ Tᴀᴄʜᴇ. — *Tokay de la Clavarie*. — Tache de 1879, traitée cette année à 100 grammes et 30 litres d'eau; mauvais sol crayeux en pente; réinvasion intense; néanmoins bon résultat; les pousses se sont bien allongées depuis le mois de juillet et la végétation était au dire de M. Teissonnière *bien supérieure à sa moyenne ordinaire*.

12ᵉ Tᴀᴄʜᴇ du *Carré du Roc*. — Tache découverte depuis le traitement, traitée à 60 grammes, résultat médiocre, pousses chétives.

13ᵉ et 14ᵉ Tᴀᴄʜᴇs — *Aramon* de la *Blanquette*. — Nouvelle tache, traitée à 60 grammes; *néanmoins bons résultats, très réduite et les ceps rabougris se sont allongés*.

15ᵉ et 16ᵉ Tᴀᴄʜᴇs de *Saint-Sébastien*. — Nouvelles taches, traitement ordinaire de 60 grammes; médiocre résultat; racines en mauvais état.

Dans tout le vignoble quatorze autres nouvelles petites taches ont aussi été découvertes depuis la vendange. Ces quatorze taches comprennent ensemble un total de 115 souches visiblement malades au simple aspect. Elles seront, au traitement prochain, traitées avec tout le soin désirable et il n'y a pas de doute que l'on ne parvienne à enrayer le mal.

CONCLUSIONS SUR LE TRAITEMENT DE LA PROVENQUIÈRE

Les conclusions qui se dégagent des résultats ci-dessus obtenus à la Provenquière sont les suivantes :

1° Malgré les traitements de 1879 et de 1880, le nombre des taches s'est augmenté, ce qu'il faut attribuer à ce que beaucoup de ces nouvelles taches étaient à l'état latent au moment de la première opération, et n'ont par ce fait reçu qu'un traitement considéré comme préventif de 60 grammes de sulfocarbonate, ce qui est généralement insuffisant pour enrayer le mal quand il est arrivé à l'état aigu ;

2° Sauf une exception ou deux et dont on connaît les raisons, toutes les taches qui étaient connues au moment du dernier traitement et qui ont reçu la dose de sulfocarbonate convenable en pareil cas se sont considérablement améliorées ; elles ont été bien circonscrites et plusieurs même ont été complètement effacées sous le rapport de l'état de la végétation ;

3° Les taches qui étaient inconnues au moment du traitement de 1880 et qui n'avaient, par cela même, été traitées qu'à la dose dite préventive de 60 grammes, se sont en général peu améliorées ; cependant on constate que partout le mal a été ralenti dans sa marche ; qu'il a été souvent circonscrit, et que dans quelques cas même, il y a eu une amélioration très sensible au lieu d'une chute certaine ;

4° Les ceps malades doivent être traités au moins avec 120 grammes de sulfocarbonate dans les meilleures parties, et 150 à 175 dans les plus mauvaises, dilués dans 40 ou 50 litres d'eau. En agissant ainsi, on est parfaitement maître du mal : le résultat est certain ; dans ces conditions la dose de 60 à 75 grammes est insuffisante, elle n'a pas une puissance insecticide et de régénération assez grande et ne peut dominer le mal ;

5° Cette dose dite préventive de 60 à 75 grammes, qui suffirait en principe pour préserver un vignoble qui ne serait pas encore envahi par les œufs d'hiver (parce qu'alors au fur et à mesure que l'insecte arriverait sur les racines, il serait anéanti avant qu'il ait détruit le système radiculaire) est trop faible quand on est en présence d'une invasion générale à l'état visible ou latent, elle ne peut empêcher que la maladie ne fasse çà et là irruption;

6° En conséquence, j'estime que la Provenquière (comme tous les vignobles dans le même cas) devrait être dès maintenant traitée en totalité à raison de 100 à 120 grammes par souche, et 30 ou 40 litres d'eau, avec des cuvettes telles que toute la surface soit pénétrée de la solution sulfocarbonatée ou de ses émanations; et les parties reconnues contaminées, à raison de 150 à 175 grammes dans 40 à 50 litres d'eau. En traitant ainsi, l'envahissement général pourrait être complètement arrêté ou tout au moins considérablement ralenti. En continuant le passé, l'envahissement, quoique ralenti, continuera à se faire, et il ira infiniment plus vite que dans le cas ci-dessus; il est probable que tous les ans on aura un nombre plus ou moins considérable de nouvelles taches à traiter spécialement. Avec la méthode *des traitements dits préventifs intenses*, si je puis m'exprimer ainsi, l'opération générale coûtera d'abord plus cher, mais le vignoble sera sûrement maintenu en état de prospérité dans son intégralité; avec la méthode des *traitements préventifs réduits,* le traitement coûtera d'abord moins cher, mais peu à peu, au fur et à mesure que le nombre des taches qu'il faudra traiter en supplément augmentera, la dépense s'élèvera et arrivera bien vite à dépasser celle de la première méthode, et l'on ne sera jamais aussi maître du mal.

7° En examinant de près les résultats obtenus à la Provenquière, après ces deux années de traitement, on acquiert bien vite la certitude qu'ils sont considérables. En effet, sans le traitement, nous croyons sincèrement, les vignes des voisins où l'on n'a rien fait l'attestent, qu'aujourd'hui cette belle propriété serait gravement compromise, tandis qu'elle est en pleine prospérité, ce que démontrent d'ailleurs les chiffres des récoltes que voici :

En 1878 avant le traitement   6.500 hectol.
En 1879 1re année de traitement   10.100   —
En 1880 2e   —   —   18.200   —

Je ne veux pas dire par là que cette augmentation soit entièrement due au sulfocarbonatage, car tout le monde sait que la récolte a été très mauvaise partout dans le Midi en 1878, à cause de la sécheresse, et qu'en 1879 les vignes se sont encore ressenties de cette fâcheuse année; mais il n'en est pas moins certain pour moi, qu'il y est pour beaucoup et qu'il est très beau de constater de pareils faits quatre ans après la première invasion du phylloxera, surtout quand on sait avec quelle rapidité ce fléau s'étend et fait sentir ses ravages dans le Midi. Enfin, disons que sans la pyrale, la dernière récolte, suivant M. Teissonnière, aurait certainement dépassé 15,000 hectolitres, soit près de deux fois et demie le chiffre de l'année qui a précédé le premier traitement. Ce sont donc là des résultats, je le répète, on ne peut plus satisfaisants et qui ressortiront encore bien davantage d'ici à un an ou deux, quand chez les voisins la maladie, faute de traitement, aura fait d'immenses progrès.

Vignes de Mme Bec et de MM. Visset à Puissergufer.

8 h., 14 a. — 29,200 souches.

Ces vignes comme j'ai déjà eu occasion de le dire dans mon rapport de l'année dernière présentaient les mêmes conditions que celles de la Provenquière. Au moment du traitement on y distinguait des taches en quantité plus ou moins considérable et d'une importance plus ou moins grande, mais démontrant l'envahissement général de tout le terrain. Comme à la Provenquière, les taches connues ont été traitées à raison de 120 grammes et les autres souches à raison de 60 grammes.

Le résultat a été très remarquable ; non seulement le mal a été partout enrayé et on n'a pas vu de nouveaux points d'attaque, mais les anciennes taches ont considérablement diminué de grandeur et les ceps les plus rabougris qu'on y voyait au mois de juin dernier ont tous, dans le courant de l'été, allongé leurs pousses et refait dans une forte proportion leur système radiculaire, qui avait été détruit les années précédentes. Enfin la récolte a continué à être normale et on ne peut plus rémunératrice pour les propriétaires dont quelques-uns ont obtenu sur certains points jusqu'à près de *quatre cents hectolitres de vin à l'hectare* soit un revenu brut d'environ 12,000 francs !

DOMAINES DE LA SOCIÉTÉ NATIONALE
CONTRE LE PHYLLOXERA
54 h. 04 a. — 233,705 souches.

Fermement convaincu que la question du phylloxera envisagée à un point de vue élevé ne sera qu'une évolution extrèmement féconde dans la culture de la vigne pour beaucoup de contrées où il reste tant à faire comme améliorations de toutes natures, j'ai pensé, avec mes amis et collaborateurs, en considérant les conséquences d'un tel fléau, que notre Société devait, avant tout, pour gagner la confiance des viticulteurs, donner l'exemple et montrer par des faits ce qu'il y avait à faire à tous les points de vue, en présence de la situation nouvelle faite à la viticulture par le phylloxera.

C'est dans cette intention que la Société a loué à long bail dans les environs de Sainte-Foy-la-Grande (Gironde), région extrèmement importante au point de vue viticole et élevé où nous nous plaçons, les quatre domaines dont nous allons parler ci-dessous en rendant compte des résultats obtenus pendant les deux première années d'exploitation. On pourra par là mieux juger de notre plan et mieux se rendre compte de son importance, s'il est mené à bien, comme nous en avons l'intime conviction.

1° **Domaine du Montet.**

8 h. 44 a. de vigne. — 37,691 souches.

Ce domaine est situé dans les environs de Sainte-Foy-la-Grande (à 5 kilom.). Le phylloxéra y a été constaté pour la première fois en 1873. En 1875, la récolte était déjà diminuée dans d'assez fortes proportions, elle n'était plus que de 200 hectolitres, tandis qu'elle était de 310 en 1874 ; elle était descendue à 39 hectolitres en 1878, et en 1879, malgré un premier traitement au sulfocarbonate, elle tombait à 12 hect. 50 ; ce qui montre à quel degré d'épuisement étaient arrivées les vignes de cette propriété.

A la prise de possession de la Société, sur 15 hectares de vignes, 7 à 8 tout au plus étaient estimés comme pouvant être conservés, soit environ 30 à 32,000 pieds. Ce n'est pas que les parties laissées fussent très supérieures à ce qui devait être arraché, car partout les souches étaient réduites à leur dernière extrémité, mais pour ces 7 à 8 hectares, on a tenu compte de l'âge des ceps, de la nature du sol et de la qualité du cépage. C'est ainsi que les pieds de 8 à 30 ans qui avaient encore une certaine ressource en eux-mêmes et quelque vigueur ont été épargnés ; à ces âges on peut encore régénérer les vignes, même les plus compromises, en faisant ce que commandent les circonstances. On a aussi laissé d'une manière générale les plantations faites en sol siliceux ou silico-argileux, parce que dans ces conditions la régénération se fait aussi très facilement ; enfin les vignes connues pour donner les meilleurs produits, ont également été le plus possible épargnées. En d'autres termes, on n'a arraché que ce qui était, en grande partie, mort ou trop âgé pour être régénéré, et les vignes où les vides étaient trop nombreux et sans aucun espoir. En agissant ainsi, la Société n'ignorait pas que la première année de traitement, les résultats extérieurs ne seraient pas très frappants, et que cette manière de faire pourrait être la cause d'appréciations défavorables de ses méthodes et de leurs résultats, la masse du public ne jugeant le plus souvent que d'après des apparences superficielles, sans trop se rendre compte des conditions où l'on opère. Mais convaincus que les faits viendraient bientôt donner raison à notre manière de voir, nous avons marché directement vers la solution que nous croyons la plus avantageuse, sans nous inquiéter des opinions préconçues ou sans fondements.

Traitement des Vignes. — Comme on était en présence de vignes réduites à la dernière extrémité, ayant non seulement perdu leur chevelu, mais aussi toutes leurs radicelles, et n'ayant plus de vivant que la base des principales racines et la souche, il devenait dès lors inutile de traiter à une grande distance du pied, il suffisait d'opérer sur une largeur de 60 à 70 centimètres pour donner un traitement convenable, c'est-à-dire pour détruire les insectes qui se trouvaient encore sur les parties vivantes, et assurer par là le commencement de la reconstitution du système radiculaire.

Eu égard à ce degré d'affaiblissement des vignes, deux applications de sulfocarbonate étaient nécessaires cette première année : l'une au printemps, pour détruire les insectes qui avaient passé l'hiver, et l'autre vers la fin de juillet, pour protéger les nouvelles productions radiculaires développées à la faveur du premier traitement. Si l'on agissait autrement, la réinvasion inévitable du courant de l'été aurait certainement annulé les effets du premier sulfocarbonate, et l'on aurait tourné dans un cercle vicieux.

1re *Opération*. — La première application du sulfocarbonate, commencée le 29 avril 1879, fut terminée le 10 mai ; elle porta sur environ 7 hectares, ou plus exactement sur 28,440 souches. — En tirant le *cavaillon*, ou en faisant le déchaussement des souches, on avait formé autour de chaque cep un récipient ou cuvette à fond aussi horizontal que possible, et large, comme nous l'avons dit, de 60 à 70 centimètres. L'eau nécessaire au traitement était puisée dans un petit ruisseau et envoyée dans les pièces à traiter ; la distance à laquelle on la refoulait a varié de 560 à 1,957 mètres, en moyenne 1,100 mètres pour une altitude variant de 2 à 45 mètres. Il a fallu 12 jours de travail pour effectuer le traitement des 28,440 souches, comprenant 1,025 heures ou environ 104 journées à 3 francs ; on a mis par cep en moyenne 55 grammes de sulfocarbonate avec 15 ou 25 litres d'eau, suivant les cas, dont 10 ou 20 pour diluer l'agent toxique et 5 versés en dessus après absorption, pour chasser plus profondément dans les couches terrestres la solution sulfocarbonatée, et en maintenir le plus longtemps possible les émanations antiphylloxériques dans le voisinage des racines.

2ᵉ *Opération*. — Vers la fin de juillet ou au commencement d'août, la réinvasion phylloxérique d'été étant devenue dangereuse sur certains points très affaiblis, situés en sol calcaire sec, la deuxième application de sulfocarbonate eut lieu sur environ 3 hectares, en mettant, comme dans le premier cas, de 50 à 60 grammes de substance par souche, dilués dans 25 ou 30 litres d'eau, y compris les 5 ou 10 litres d'eau blanche versés sur la solution toxique.

Prix de revient. — La dépense faite pour le traitement des sept premiers hectares et des trois hectares traités dans le courant de l'été, soit en tout 10 hectares, s'éleva à la somme de 3,176 fr. 90 c., soit par hectare 317 fr. 70 c.

Fumure des Vignes. — Quand on traite des vignes très affaiblies par la maladie, si l'on veut seconder l'action du remède et hâter la régénération des souches, il faut, en plus de l'insecticide, des engrais énergiques et rapidement assimilables, afin que la plante puisse absorber, pendant le peu de temps qu'elle est dépourvue d'insectes, les principes qui lui sont nécessaires pour reconstituer les organes qu'elle a perdus dans la maladie (racines, sarments et feuilles). Les engrais chimiques conviennent tout particulièrement pour atteindre ce but : rapidement assimilables et riches en principes nutritifs sous un petit volume, ils produisent de suite, avec le concours du sulfocarbonate, qui lui-même est aussi un engrais puissant, des effets remarquables sur la végétation des ceps même les plus affaiblis.

En pareil cas, trois éléments sont surtout nécessaires ; ce sont :

1° La *potasse*, qui est fournie en quantité suffisante par le sulfocarbonate ;

2° L'*azote*, qui *pousse* plus particulièrement au bois et à la vigueur de la végétation ; on diminuera son importance quand la végétation sera suffisante, autrement la vigne *s'emporterait* et ne fructifierait que très peu. Le nitrate de soude, ou le sulfate d'ammoniaque conviennent tout spécialement.

3° L'*acide phosphorique*, qui seconde admirablement la potasse, pour amener à bien la récolte.

Les fumiers de ferme ne conviennent pas en pareil cas ; ils sont à décomposition trop lente, pas suffisamment riches en éléments nutritifs, et, s'il survient un été sec, ils rendent le sol trop poreux, empêchent le nouveau chevelu de se développer, et favorisent considérablement la multiplication des phylloxeras et leur circulation à travers le sol. La Société a employé par souche, sur ses domaines, la première année, comme fumure complémentaire de ses traitements au sulfocarbonate, un mélange de 60 grammes de nitrate de soude et de 30 grammes de superphosphate titrant 18° d'acide sulfurique soluble, soit une dépense supplémentaire d'environ 130 francs par hectare.

Résultats *obtenus la première année.* — Étant donné que les vignes traitées étaient, à peu d'exceptions près, tout à fait à la dernière extrémité, on ne pouvait pas s'attendre à les voir régénérées dès la première année, puisque, pour atteindre ce résultat, comme on le sait, il faut ordinairement plusieurs périodes de végétation. Tout ce que l'on pouvait espérer, c'était l'arrêt dans le dépérissement et un commencement de reconstitution de la charpente ligneuse et surtout du système radiculaire. A ces trois points de vue, notre espoir n'a pas été déçu. Comme cela arrive toujours en pareil cas, c'est-à-dire pour des vignes aussi affaiblies, il a fallu attendre le mois de juillet pour que l'action du remède se fasse remarquer : tandis que les vignes voisines, situées dans les mêmes conditions, qui n'avaient pas été traitées, continuaient à dépérir, celles de la Société reprenaient de plus en plus de la vigueur ; les sarments s'allongeaient au lieu de s'arrêter, le feuillage prenait aussi une teinte vert foncé, et sur la souche et la base des grosses racines, on commençait à voir de nouvelles productions radiculaires, qui puisaient dans le sol au fur et à mesure qu'elles se développaient, les éléments nutritifs nécessaires à l'existence de la plante. En un mot, la *pousse d'août* a eu lieu, et au mois d'octobre on constatait partout une amélioration très sensible.

Les effets du remède ont été surtout remarquables dans les sols silico-argileux et dans les parties où le sulfocarbonate avait été accompagné de nitrate de soude. Sur les pièces calcaires, au contraire, où le sol est sec et peu profond, l'amélioration, tout en étant encore sensible, a été cependant moindre que dans le premier cas ; il en a été aussi de même sur les pièces où l'on avait mis du fumier de ferme au lieu de nitrate. Quant à la récolte, eu égard à ce qu'elle avait été en 1878 et à ce fait que nous ne pouvions créer par notre traitement effectué en mai, de nouveaux bourgeons floraux pour l'année courante, elle ne pouvait être qu'insignifiante. En effet, elle n'a pas dépassé une moyenne de ($\frac{1.2'0}{4.44} = $ 1 hectolitre 48) 1 hectolitre 5 par hectare, chiffre, comme je le disais ci-dessus, qui confirme le degré d'affaiblissement des vignes du Montet, et je pourrais même ajouter que cette *maigre récolte* provient, pour plus des trois quarts, de quelques milliers de ceps cultivés en *jolas* ou rangs espacés, qui, grâce à leur vigueur plus grande, n'étaient pas tombés aussi complètement que ceux en plein. Plusieurs pièces de ces dernières plantations n'ont donné qu'une récolte tout à fait insignifiante *(Voir tableau plus loin)* (1).

---

(1) Le sulfure de carbone que le propriétaire appliquait sur quelques pièces

Traitement de 1880. — Le deuxième traitement général a eu lieu cette année, une partie à la fin de mars et l'autre dans la première quinzaine de juin, sur environ 8 hectares 44 ares ou sur 35,124 souches; 1 hectare 44 ares qui avait été traité l'année dernière au sulfure de carbone a été en plus cette année soumis au sulfocarbonate. Comme depuis la première opération, le système radiculaire avait pris une plus grande extension, on a fait des cuvettes un peu plus larges; au lieu de 60 à 70 centimètres, elles avaient 80 centimètres. La quantité de sulfocarbonate a été aussi plus considérable; elle a été en moyenne de 450 kilogrammes à l'hectare ou de 100 grammes par souche. Comme fumure complémentaire, on a aussi mis sur les plantes les plus affaiblies un mélange de 50 grammes de sulfate d'ammoniaque et de 30 grammes de superphosphate, ou un total pour toute la propriété de 1,500 kilogrammes du premier produit et 900 kilogrammes du second, soit une valeur d'environ 1,116 francs.

La dépense du traitement, tout compté, s'élève à 327 fr. 05 c. et se répartit ainsi:

Construction des cuvettes. . . . . Fr.	70	25
Sulfocarbonate, — 3,777 kilogrammes à 60 fr. 0/0 rendus.	2.266	20
Charbon, 2,690 kilogrammes.	98	75
Main-d'œuvre d'application.	464	»
Mécaniciens, surveillance des travaux, entretien et réparation du matériel, frais généraux	390	85
TOTAL. . . . Fr.	3.270	05

soit par hectare $\frac{3.270\ 05}{8\ 44} = 387$ fr. 45 c. Dans les parties qui ont reçu des engrais, la dépense s'élève à 519 fr. 70 c. (387 fr. 45 c. + 133 fr. 25 c.). Cette dépense est considérable; mais la Société, en la faisant, a voulu gagner une année sur

depuis plusieurs années, et dont la Société a voulu continuer l'usage en 1879 n'a produit que de mauvais effets et a dû être tout à fait rejeté des traitements de 1880.

le temps qui était normalement nécessaire pour régénérer ces vignes.

Résultats obtenus : Les résultats obtenus après cette deuxième année de traitement peuvent se résumer en peu de mots. A peu d'exceptions près, toutes les vignes du Montet, qui, dès l'année 1879, ont été soumises au traitement du sulfocarbonate, *peuvent être actuellement considérées comme complètement régénérées*. Il reste bien encore, çà et là, sur les plus mauvaises parties calcaires, quelques points où les sarments n'ont pas tout à fait reconquis leur état normal, mais nous sommes assurés qu'au réveil de la végétation, en 1881, elles ne se distingueront plus de celles qui ont le mieux profité du remède. La taille se fera comme avant la maladie, et tout fait espérer que, sans les accidents climatériques, la prochaine fructification sera normale. Quant à la récolte de 1880, sans avoir été très élevée, elle a été très supérieure à celle de l'année dernière, tandis que chez les voisins, c'est, en général, le contraire qui a eu lieu ; de plus, sans la *coulure*, qui a été extraordinairement intense cette année dans le Bordelais, on estime qu'elle aurait été près du double de ce qu'elle a été. Comme on le voit, le résultat obtenu sur ce domaine, dès la deuxième année de traitement, est donc on ne peut plus satisfaisant.

2° **Domaine des Vergnés.**

19 hectares de vignes. — 80,115 souches.

Le domaine des Vergnes, loué pour dix-huit ans par la Société comme champ de démonstration à MM. Maillé et Marrot, de Sainte-Foy-la-Grande, comprenait au 1er janvier 1879 en vignes à conserver environ 8 hectares de vignes en plein, et 21 en *jolas*, ramenés en surface pleine environ 6 hectares ; le reste, soit environ une vingtaine d'hectares, avait été arraché, ou devait l'être, tant elles contenaient de pieds morts ou affaiblis au dernier point.

Le sol du domaine des Vergnes est pour la moitié siliceux ou silico-argileux; l'autre moitié est composée à peu près, pour parties égales, de terrains siliceux, argilo-calcaires ou calcaires. Certaines pièces siliceuses sont très arides ; destinées à la culture de la vigne, elles n'ont peut-être, comme c'est l'habitude dans la contrée, jamais été fumées. La couche arable des parties calcaires est en général très peu profonde ; on trouve le sous-sol formé d'un tuf impénétrable ou d'assises de pierres à une très faible profondeur. A peu d'exceptions près, les vignes sont toutes situées, suivant l'usage du pays, sur les plus mauvaises parties du domaine, les meilleures étant réservées aux autres cultures.

Avant l'invasion phylloxérique, qui remonte à peu près vers 1873, le domaine a produit jusqu'à 100 tonneaux de vin, soit 900 hectolitres. En 1877, la production totale n'était déjà plus, malgré de nouvelles plantations productives, que de 326 hectolitres ; en 1878, que de 182, et en 1879, l'année d'entrée en jouissance de la Société, elle tombait à 41 ; ces chiffres disent suffisamment à quel degré d'épuisement étaient arrivées les vignes de cette propriété. Ajoutons enfin qu'au fur et à mesure que le revenu des vignes a diminué, les façons culturales ont été de plus en plus négligées, et que, comme conséquence, le chiendent et autres plantes adventives, ont peu à peu envahi tout le terrain au point que certaines pièces ont dû être abandonnées à leur malheureux sort, sans même leur donner le moindre labour à la charrue. La donation en métayage de la plupart des vignes de la propriété à de pauvres gens impuissants, indique suffisamment à quel degré de découragement étaient arrivés les propriétaires de ce beau domaine.

C'est dans ce triste état que la Société a trouvé cette propriété, et c'est en *l'affermant qu'à mon sens*, elle a le mieux montré combien elle se croit certaine de son remède et de ses méthodes : Elle n'a pas un instant hésité devant les sacrifices immenses de fermage et d'autres natures qu'il faudra faire pour la régénérer, ainsi que devant les difficultés nombreuses de toutes sortes qui existent pour mener à bien la tâche entreprise. En effet, la Société n'aura pas seulement à payer pendant plusieurs années un fermage élevé, sans revenu, mais elle aura encore, pendant son bail, à régénérer les vignes qui pourront l'être ; défricher celles dont il n'y a plus rien à espérer, soit par le fait de l'âge, soit par le fait de la maladie ; remettre en bon état de culture toutes les terres, nettoyer de toutes parts la propriété si longtemps négligée, et faire de nouvelles plantations, tant pour remplacer les anciennes que pour occuper les terrains qui, jusqu'ici, avaient été cultivés autrement qu'en vignes. Enfin, en présence d'un ennemi qui ne désarme jamais, le phylloxéra, la Société devra toujours être sur ses gardes pour conserver ses conquêtes.

La Société s'est aussitôt mise à l'exécution de son programme. Les vignes dont on n'avait absolument rien à espérer, ont été arrachées. On a laissé subsister toutes les plantations en *jolas* (environ 27,000 souches) qui, soit à cause de leur âge ou de leur grand développement, pouvaient encore être ramenées à la prospérité, et environ onze à douze hectares de vignes en plein (38,000 souches). Comme au Montet, ce n'est pas que les vignes laissées fussent en bien meilleur état que celles condamnées à l'arrachage, mais on a tenu compte de l'âge ; on a conservé, sous ce rapport, toutes celles relativement jeunes ou âgées qui ne possédaient pas encore trop de ceps morts ou de vides. Autant que possible, on a aussi conservé les vignes en sol siliceux ou silico-argileux où la régénération est plus facile que dans les terrains calcaires. Enfin, on a également conservé les vignes réputées comme produisant le meilleur vin. En un mot, on a conservé le plus possible de vieilles vignes, dans le but de les régénérer pour ainsi dire, à tout prix, afin d'améliorer les produits des jeunes vignes que la Société se propose de planter sur une très grande échelle.

Les Traitements. — Comme nous venons de le voir, 57,000 souches environ ont été, dès 1879, soumises à la médication du sulfocarbonate. Le traitement a été, d'une manière générale, le même qu'au Montet, les *jolas*, un peu moins malades que les vignes en plein, ont été traités au moyen de cuvettes larges de 60 à 70 centimètres et avec 60 à 75 grammes de sulfocarbonate par pied, dilués dans 20 litres d'eau plus 5 litres par dessus après absorption. Les vignes en plein, à peu près toutes à la dernière extrémité, n'ayant plus de vivant que la base des grosses racines et la souche, ont été traitées avec des cuvettes un peu plus étroites et avec 40 à 45 grammes de sulfocarbonate chacune et la même quantité d'eau que ci-dessus.

En même temps que le sulfocarbonate, chaque cep a aussi reçu 40 grammes de nitrate de soude mélangés à 20 grammes de superphostate de chaux. Ces engrais, répandus dans la cuvette, un peu avant le traitement, la solution sulfocarbonatée les a dissous et entraînés dans le voisinage des racines. En considération du degré de maladie des vignes en plein, une deuxième application d'insecticide a eu lieu dans le courant du mois d'août, de la même manière que la première faite au printemps, moins les engrais. L'eau qui servait de véhicule au sulfocarbonate étant puisée dans un vivier par une machine à va peur de notre système mécanique, était propulsée à une distance qui a varié de 680 à 1,255 mètres pour une altitude réelle de 15 à 35 mètres, ou en comptant les pertes de charge ou frottement, de 50 à 60 mètres.

Prix de revient. — Lors du traitement de printemps, 14 hectares environ ont été traités. Au mois d'août, toutes les vignes en plein ayant été sulfocarbonatées une deuxième fois, soit environ 11 hectares, le résultat est donc le même que si l'on avait opéré sur 25 hectares. Pour ces deux applications, la dépense s'est élevée à 6,067 fr. 80 c., soit par hectare $\frac{6067\,80}{25} = 242$ fr. 70 c. soit par souche, environ 0 fr. 07 c. Plusieurs causes se sont réunies pour diminuer le prix de revient. Les principales sont : la quantité du sulfocarbonate qui n'a pas été très considérable : 225 kilogr. en moyenne à l'hectare, et la quantité d'eau employée qui est quelquefois descendue au traitement de printemps à 15 litres par souche ; mais par contre, le mauvais temps en mai, qui a beaucoup dérangé la manœuvre du système mécanique, le mode de plantation en *jolas* qui a fait que le matériel a dû être disposé comme si on avait traité 100 hectares, et la grande sécheresse de l'été, qui a nécessité 30 litres d'eau par souche, lors du traitement du mois d'août, font plus que compenser les avantages ci-dessus.

A ce prix, il convient d'ajouter la valeur des engrais qui s'établit ainsi :

Nitrate de soude,	2.400 kil. à 38 fr.. Fr.	912 »
Superphosphate de chaux 1.200	» à 19 ». . . .	228 »
Mélange et épandage des engrais		230 »
	Total. . . . Fr.	1.370 »

soit par hectare $\frac{1370}{14} =$ 97 fr. 85 c., qui, ajoutés à l'opération du sulfocarbonate, portent le prix du traitement avec fumure, à la somme de (242 70 + 97 85), 339 55, soit 340 francs.

Résultats obtenus. — Les 57,000 souches ont produit à la récolte environ 41 hectolitres de vin, dont 32 de rouge et 9 de blanc, soit par hectare $\frac{41}{14} =$ 2 h. 80. Comme on le voit, si on voulait apprécier les résultats obtenus aux Vergnes par la quantité de récolte, ils ne seraient guère encourageants, mais ce n'est pas ainsi qu'il faut mesurer l'action des traitements que nous avons effectués sur ce domaine : ici, la récolte serait un très mauvais *criterium*. En effet, si l'on veut bien remarquer qu'au moment de notre première application de sulfocarbonate en mai, comme pour le domaine précédent, les *mannes* ou futures grappes étaient déjà toutes formées dans les bourgeons depuis déjà longtemps, on concevra facilement que le sulfocarbonatage n'ait pas ajouté une fleur de plus ; il ne pouvait tout au plus qu'amener à bien, ce qui existait à l'état d'embryon. En outre, il ne faut pas perdre de vue que les vignes avaient une année de plus de maladie, et que partout dans la contrée la récolte a été de plus de moitié inférieure à ce qu'elle avait été en 1878, de sorte que le résultat obtenu aux Vergnes, sous le rapport de la fructification, a donc été, au contraire, relativement très remarquable.

Toutefois, ce n'est pas de ce côté que l'effet produit a été le plus frappant, mais bien du côté de la végétation. Il y a eu des exemples de reconstitution tout à fait extraordinaires sur ce domaine. Des ceps rabougris au dernier point, que l'on a laissés, comme je l'ai dit ci-dessus, d'après un plan déterminé à l'avance, ont repris à la pousse d'août une telle vigueur et développé des sarments si longs et si nourris que, dans la plupart des cas, on a pu faire en 1880 une taille normale, ce qui n'avait plus lieu depuis 1876. C'est dire que le sulfocarbonate de potassium a donné aux Vergnes des résultats dépassant toutes mes espérances, qui ne peuvent être cependant suspectées de pessimisme à l'égard de cette médication. — J'estime ce résultat si favorable que j'ai beaucoup regretté d'avoir fait arracher quelques hectares de vieilles vignes, dont on ne pouvait raisonnablement espérer la régénération. Aujourd'hui, il n'y a plus de doute : on aurait réussi. Les quelques parcelles laissées dans ces conditions à titre d'essai le démontrent d'une façon on ne peut plus nette. Aussi, quelques nouveaux hectares provenant des métayers et qui devaient être défrichés, ont-ils été entrepris cette année, et tout fait espérer que leur régénération ne dépendra plus que de la quantité de sulfocarbonate employée et des soins culturaux qu'ils recevront.

Deuxième année de traitement. — D'après les résultats si favorables de 1879, aux 57,000 souches traitées une première année, on en a ajouté 23,000 nouvelles qui provenaient, comme je l'ai dit ci-dessus, des métayers, ou qui avaient été abandonnées comme ne présentant véritablement aucune chance de régénération, soit donc environ 80,000 souches qui ont été traitées cette année, soit l'équivalent de 19 hectares ramenés en surface pleine. Les opérations ont commencé le 9 mars et ont été terminées le 3 avril en 23 journées de travail. Sur les parties qui étaient le moins malades, ou qui avaient le mieux profité du remède l'année précédente, on a mis de 75 à 85 grammes de sulfocarbonate, et jusqu'à 150 sur celles traitées pour la première fois, ou qui étaient encore affaiblies, en moyenne 125 grammes pour la généralité, dilués dans 20 litres d'eau, plus 5 litres après absorption, dans des cuvettes carrées de 75 à 80 centimètres de côté. On a aussi appliqué, à chaque souche, un mélange de 50 grammes de sulfate d'ammoniaque et de 40 grammes de superphosphate.

La dépense du traitement s'établit à peu près ainsi :

Construction des cuvettes . . . . . Fr.   160   »
Sulfocarbonate de potassium (9,960 kil.
  à 51 fr.) 5.976 60
Main-d'œuvre et application. 704 85
Charbon (6,407 kil. à 30 fr. les 1,000 kil.   192 20
Mécanicien 202 50
Surveillance des travaux 222 60
Frais généraux, entretien et réparation
  du matériel   378   »
Total. . . Fr. 7.836 75

$$\text{Soit par hectare } \frac{7.836\ 75}{19} = 412\ 45$$

Et par souche environ 0 fr. 098ᵐ.

Fumure : 400 kil. de sulfate d'ammoniaque, à 60 fr. 0/0. . . . . . . Fr. 2.400   »
3.200 kil. de superphosphate, à 24 fr. 0/0.   768   »
Total. . . . Fr. 3.168 »

$$\text{Soit par hectare } \frac{3.168}{19} = 166\ »$$

Total . . . . Fr. 578 45

Ce prix est, comme au Montet, très élevé, mais il est motivé par ce fait que l'on voulait arriver rapidement à la régénération complète des vignes et gagner au moins une année sur le temps qu'il aurait fallu avec les traitements ordinaires.

Résultat. — Les résultats obtenus aux Vergnes, cette année, ont entièrement répondu à l'attente et aux sacrifices de la Société. Sauf de très rares exceptions, toutes les vignes qui ont été traitées en 1879 sont aujourd'hui complètement régénérées. Le système radiculaire est reconstitué, et les sarments ont atteint leur longueur et leur grosseur normales. Il y a eu là des exemples si extraordinaires de la puissance de régénération du sulfocarbonate et de la méthode employée, qu'ils font véritablement l'étonnement de toutes les personnes qui connaissaient l'état de ces vignes avant le traitement. *On ne peut rien désirer de mieux et de plus uniformément réussi.*

Celles traitées pour la première fois cette année, ont aussi fait, malgré leur affaiblissement et leur grand âge, d'immenses progrès, et tout fait espérer qu'en 1881 elles seront également régénérées comme les précédentes.

Quant à la récolte, les ceps avaient trop souffert et étaient encore trop faibles pour fructifier beaucoup cette année ; ajoutons à cette cause la *coulure*, qui a été extrêmement intense en juin, sur la fleur des cépages rouges, et nous aurons les deux principales causes de la faiblesse de la production. Néanmoins, tandis que dans toute la localité on a moins récolté que l'année dernière, aux Vergnes, la production a été au contraire sensiblement supérieure, surtout en vin blanc dont les cépages sont moins exposés à la *coulure* que les rouges. En effet, en 1879, la récolte en vin blanc n'était que de 9 hectolitres pour 32 de vin rouge. Cette année, on compte 20 hectolitres 1/2 de vin blanc et 28 hectolitres 1/2 de vin rouge, soit une différence en faveur du premier vin de plus de 11 hectolitres. C'est-à-dire que, sans la *coulure*, et en admettant la même proportion, on aurait dû récolter en vin rouge de 70 à 72 hectolitres, soit une quantité plus du double de celle de 1879, et nous devons ajouter que les cépages blancs ont aussi éprouvé la *coulure* dans des proportions très sensibles. Sans cet incident climatérique, nous estimons que la production des Vergnes aurait dépassé, cette année, 100 hectolitres ; c'est là une des meilleures preuves de l'amélioration considérable du vignoble. Comme au Montet, tout fait espérer qu'à l'automne prochain, s'il ne survient pas d'intempéries nuisibles à la fleur et au raisin, les premières vignes traitées donneront une récolte normale, *car il y a tout ce qu'il faut pour qu'il en soit vinsi :* vigueur des ceps et grosseur des sarments.

3° **Domaine du Roc.**

14 hectares en vignes. — 60,049 souches.

Le domaine du Roc est situé sur la commune Saint-Sernin, près Duras (Lot-et-Garonne). Il comprend environ 38 hectares, dont 13 à 14 en vignes, lors de l'entrée en jouissance de la Société. Le sol du Roc est environ pour moitié calcaire argileux, et moitié silico-argileux. La fertilité est généralement faible dans le dernier cas, mais elle est compensée par la profondeur, et la vigne y vient assez bien.

Le propriétaire, M. Octave Vergniol, pense que c'est vers 1872 que l'invasion phylloxérique a eu lieu au Roc. Mais ce n'est qu'à partir de 1875 que les dégâts ont commencé à être assez sensibles pour influer sur la production. En effet, en 1875, le Roc produisait encore 300 hectolitres de vin. En 1877, 240 et en 1878, 90 hectolitres seulement. Cette diminution de récolte indique donc suffisamment la gravité du mal au moment de la prise de possession de la Société. Aussi avait-on déjà arraché certaines parties et était-on à la veille de le faire sur une plus grande surface, sans la location, malgré les traitements au sulfure de carbone que l'on avait commencé à appliquer dès 1876 sur des étendues de plus en plus considérables.

La Société n'a pas cru devoir faire arracher de nouvelles vignes sur ce domaine. Confiante dans ses méthodes, elle n'a pas hésité à tenter la régénération de tout ce qui restait du vignoble ; sauf deux pièces isolées traitées au sulfure de carbone, toutes ont été traitées avec le sulfocarbonate.

1re année (1879). — Le traitement a été commencé le 3 juin et terminé le 25 du même mois. Chaque cep déchaussé en carré, sur 0ᵐ,60 à 0ᵐ,70 de côté, a reçu en moyenne 75 grammes de sulfocarbonate dilués dans 28 litres d'eau plus 5 litres versés après absorption de la dissolution toxique. Chaque souche a aussi reçu, avant la mise du sulfocarbonate, un mélange de 60 grammes de nitrate de soude et de 30 grammes de superphosphate à 18 0/0 d'acide phosphorique. Au mois d'août, certaines pièces du vignoble, situées en sol calcaire, où la végétation était très affaiblie, et où la défense est difficile, reçurent une deuxième application de sulfocarbonate à la dose de 75 grammes par souche, dans 20 plus 5 litres d'eau, sans engrais. Le prix du traitement sans la fumure s'éleva en moyenne par hectare à 273 fr. 35 c. et avec la fumure à 397 fr. 60 c.

Résultats. — Sur les sols silico-argileux, les résultats ont été pour cette première année de traitement extrêmement remarquables. Des vignes dont on désespérait absolument acquirent à la fin de l'été une vigueur si extraordinaire que les sarments avaient atteint leur longueur et leur grosseur normales, et le système radiculaire était reconstitué dans la même proportion. Sur les parties calcaires où la maladie est plus puissante, les effets du remède, sans avoir été aussi brillants, n'en ont pas moins été très réels. Non seulement le mal a été enrayé, mais le système radiculaire a été reconstitué d'une manière très sensible et la pousse d'août s'est effectuée dans des conditions très favorables avec un acquis très satisfaisant sous tous les rapports. Quant à la récolte, bien que l'année ait été extrêmement défavorable par le fait des intempéries, elle a encore atteint 118 hectolitres, c'est-à-dire 28 hectolitres de plus que l'année précédente, malgré une année de plus de phylloxéra et l'arrachage de certaines vignes : résultat qui témoigne avantageusement de l'effet du remède (1).

2e année. — Pour ce traitement, qui a été effectué plus tôt qu'en 1879, du 10 février au 9 mars, on a mis sur les souches les plus affaiblies 100 grammes et sur celles qui avaient le mieux profité de la médication de l'année précédente 75 grammes seulement, dans des cuvettes carrées de 70 à 80 centimètres de côté avec 20 litres d'eau de dilution et 5 de claire par dessus

---

(1) Les traitements au sulfure de carbone n'ont produit que de mauvais effets.

après absorption. Chaque souche, dans les parties les plus mauvaises a aussi reçu avant la mise du sulfocarbonate, un mélange de 50 grammes de sulfate d'ammoniaque et de 30 grammes de superphosphate. Le sol était très humide au moment du traitement; néanmoins j'estimai les conditions bonnes.

La dépense du traitement s'établit ainsi :

Construction des cuvettes . . . . Fr.	125	»
Sulfocarbonate : 5.540 kil. à 60 0/0	3.324	»
Application du sulfocarbonate	702	15
Charbon : 4.900 kil. à 30 fr. 00/00	147	»
Surveillance des travaux.	172	75
Mécanicien.	157	50
Transport du matériel, entretien et réparations	293	70
Total. . . . . . Fr.	4.912	10

soit par hectare $\frac{4.912.10}{14} = 350{,}85$ et par souche 0 fr. 08.

Et pour les parties qui ont reçu des engrais : 166 francs.

RÉSULTATS. — Les résultats obtenus à la fin de la deuxième année du traitement peuvent se résumer ainsi : Toutes les vignes de ce domaine qui ont été soumises depuis l'année dernière à l'action du sulfocarbonate *sont aujourd'hui complètement régénérées; le vignoble est, dans son ensemble, uniforme dans sa végétation, plus beau et plus vigoureux qu'il ne l'a jamais été.* Certaines parties sont même trop vigoureuses et demanderont une taille spéciale si l'on veut qu'elles fructifient abondamment en 1881. Comme conséquence de ce résultat, la récolte de cette année a encore dépassé celle de l'année dernière dans une très forte proportion, malgré la *coulure* qui a, en général, détruit les trois quarts de la récolte dans le pays. Le Roc a produit près de 158 hectolitres de vin, soit 40 de plus que l'année dernière et 68 de plus qu'en 1878, tandis que chez les voisins les rendements ont diminué d'une année à l'autre.

En deux ans de traitement, la moyenne qui était au Roc de $\left(\frac{118}{14}\right)$ 8 hect. 40 litres à l'hectare a été remontée à $\left(\frac{153}{14} = 11{,}4\right)$ plus de 11 hectolitres. Pour certaines pièces, la moyenne a même dépassé 20 hect. ; mais ce n'est pas tout, il est à remarquer que l'augmentation de récolte a entièrement porté sur le vin blanc dont les cépages sont moins sujets à *couler* que les rouges. La récolte en vin blanc a été de 118 hectolit., 5, au lieu de 45 comme en 1879, c'est-à-dire supérieure à la totalité de l'année précédente; de sorte que, sans la *coulure* ou à *coulure* égale pour les deux sortes de cépages, la production aurait donc dû être de $\left(\frac{45}{18} = \frac{72}{x}, \ x = \frac{72 \times 118}{45} = 307 \right)$ 307 hectolitres, c'est-à-dire plus qu'en 1875 avant que le phylloxera n'ait commencé à faire sentir ses effets sur la fructification, et on est encore au-dessous de la vérité, car les cépages blancs ont certainement éprouvé les effets de la *coulure* dans une certaine mesure, notamment le *blanc Sémilion*.

Enfin, il convient d'ajouter que le *Mildew*, cette autre nouvelle maladie (*Péronospora viticola*) qui a aussi sévi cette année dans la région avec une extrême intensité pour la première fois, notamment sur la *Folle-blanche* et le *Jurançon*, a fait pourrir le raisin de ces cépages avant la maturité dans des proportions tout à fait anormale et a également beaucoup contribué à l'affaiblissement de la récolte. Si nous ne nous trompons, il y aurait donc là, de ce côté aussi, un sujet digne de l'attention des viticuleurs, d'autant plus que ce champignon, qui vit entièrement dans l'intérieur de la tige et des sarments de la vigne, sera très difficile à combattre. Nous n'avons heureusement pas remarqué que les autres cépages blancs *(Sémilion, Muscat)* et rouges *(Malbece* ou *Cotte rouge, Grappu, Périgord)* fussent très affectés par cette nouvelle maladie. Au 30 octobre, les feuilles de ces derniers ne présentaient que de très faibles traces du champignon et on ne voyait presque pas de raisins pourris, tandis que les feuilles de *la Folle-blanche* et *du Jurançon* étaient presque entièrement grillées, comme si une gelée précoce était survenue, et présentaient à la partie inférieure de nombreuses taches blanches, à la manière des flocons de neige formées par les ramifications fertiles du champignon. Je me propose de suivre l'année prochaine avec la plus grande attention cette nouvelle maladie et de commencer des essais pour

la combattre en enlevant en temps opportun les premières
feuilles qui apparaîtront avec les caractères du mal.

4° **Domaine des Muts-Barbeteaux.**

12 h. 60 ares. — 55,850 souches.

Le domaine des Muts-Barbeteaux se trouve sur le territoire
de la commune de Razac de Saussignac, près Gardonne, station
du chemin de fer de Libourne à Bergerac. Les vignes qui
forment une superficie de 12 hectares 60 ares, sont réparties
entre deux métairies (les Muts et les Barbeteaux), l'une située
dans la vallée de la Dordogne et sur un sol d'alluvion, et
l'autre sur les coteaux qui dominent cette vallée, en sol crayeux
ou calcaire argileux. Le phylloxera a commencé à se manifester dans les vignes de ce domaine en 1877, mais il n'a guère
influé pour la première fois sur la récolte qu'en 1878 ;
néanmoins, à la prise de possession de la Société, toutes les
vignes étaient complètement envahies ; celles situées en sol
crayeux ou calcaire, étaient même déjà, d'une manière générale, réduites à la dernière extrémité.

TRAITEMENT EN 1879. — Sauf une pièce isolée de 2 hectares
60 ares, traitée au sulfure de carbone, toute la propriété fut
traitée avec le sulfocarbonate de potassium. On mit par souche,
en moyenne, 75 grammes d'insecticide dilué dans 20 plus
5 litres d'eau ; sur quelques-unes on ajouta aussi en même
temps que le traitement un mélange formé de 60 grammes de
nitrate de soude et de 30 grammes de superphosphate de
chaux par souche. Le prix du traitement, sans la fumure,
s'éleva à 265 fr. 35 c. en moyenne par hectare, et avec la
fumure à 388 fr. 85.

RÉSULTATS OBTENUS LA PREMIÈRE ANNÉE. — A la métairie des
Muts, grâce à la nature du sol, les effets du traitement furent
on ne peut plus manifestes ; les taches furent, les unes cir-

conscrites, les autres effacées, et partout la maladie complètement enrayée. Une végétation extrêmement remarquable
survint, tranchant nettement sur les vignes des voisins qui
n'avaient pas été traitées, et dont quelques-unes cependant
paraissaient beaucoup plus belles jusqu'à fin de la première
quinzaine de juillet.

A la métairie des Barbeteaux où, à cause de la nature du
sol, la maladie avait causé des ravages considérables, l'action
du remède, sans avoir été aussi brillante qu'aux Muts, n'en a
pas moins été très positive. La maladie a été aussi non seulement enrayée, mais même dans les taches affaiblies, la pousse
d'août a eu lieu, et partout on a vu une amélioration dans
l'état de la vigne à tous égards.

Récolte. — Malgré une année de plus de phylloxera, la
récolte, en 1879, a été supérieure aux deux années précédentes, où cependant rien d'anormal n'était venu la diminuer.
Au contraire même, l'affaiblissement de la vigne sur des surfaces déjà considérables, la *coulure* et la mauvaise maturité ont
été des causes très influentes sur le rendement, qui a été fort
réduit chez les voisins. La connaissance que nous avons de la
situation nous permet de dire que, sans le traitement, la
récolte n'aurait pas été la moitié de ce qu'elle a été : ce qui
prouve une fois de plus combien l'action du sulfocarbonate de
potassium est remarquable sur la bonne venue des raisins.

Traitement de 1880. — Le traitement de cette année a eu
lieu dans le courant de juin et a porté sur 55,850 souches.
Sur les parties les plus malades, on a mis de 100 à 110 grammes
de sulfocarbonate, et sur les plus vigoureuses 75 à 80 grammes
dilués dans 20 plus 5 litres d'eau, avec des cuvettes de 70 centimètres de côté en moyenne. On a également mis, sur les plus
mauvaises parties calcaires des Barbeteaux, un mélange par
souche de 60 grammes de sulfate d'ammoniaque et de 30
grammes de superphosphate. Le prix de l'opération s'établit
ainsi:

Construction des cuvettes . . . . Fr.	111	70
Sulfocarbonate : 4,289 kilogrammes à 60 fr. 0/0 rendu	2.573	40
Main-d'œuvre d'application	818	80
Charbon : 4,180 kilogrammes à 30 francs 00/00 .	125	40
Mécanicien	141	70
Surveillance des travaux	155	50
Transport, entretien et réparation du matériel, frais généraux	258	»
Total . . . . Fr.	4.184	50

soit par hectare $\frac{4.184\ 50}{12\ 60} = 332$ fr. 10 c., et pour les parties fumées : 192 francs en plus.

RÉSULTATS. — Les vignes qui n'étaient pas encore très malades lors du commencement du traitement ne portent aujourd'hui aucune trace extérieure de la maladie; celles qui étaient affaiblies à divers degrés peuvent être considérées comme complètement régénérées; elles ont émis cette année des sarments de longueur normale, refait leur système radiculaire gravement compromis, et sont à même de donner une pleine récolte. Les parties crayeuses ou fortement calcaires où la défense est si difficile, ne font même pas exception : partout l'effet du remède a été on ne peut plus net et a donné des résultats réalisant toutes nos espérances.

Malheureusement la récolte n'a pas été en rapport avec le résultat obtenu sur la végétation ; la *coulure* a été également si extraordinaire dans la vallée de la Dordogne, que plus des trois quarts de la récolte ont été enlevés de ce fait. Aussi, au lieu de 114 hectolitres que produisait le domaine en 1879, la vendange dernière n'a donné en total que 46 hectolitres 5 ; seule la quantité de vin blanc a été supérieure à celle de l'année dernière, malgré l'influence de la gelée d'hiver qui avait détruit beaucoup de souches dans les blancs *Semilion* et les *Muscat*. Si la proportion entre les deux sortes de cépages s'était maintenue, sans faire intervenir d'autres causes, la production de cette année aurait dû dépasser 160 hectolitres: résultat que le nombre de *mannes* ou grappes fructifères qui existaient au moment de la floraison, permettait largement d'espérer.

Conclusion sur les traitements des domaines de la Société.

Les résultats obtenus à la fin de cette deuxième année de traitement sur les domaines de la Société nationale contre le phylloxera ont été extrêmement significatifs et peuvent se résumer ainsi.

Les 43 pièces en traitement depuis deux ans, et qui étaient dans un si triste état que l'on désespérait presque de ne pouvoir jamais les ramener à la prospérité, *peuvent être aujourd'hui considérées comme complètement régenérées, ce qui est tout dire. La longueur des sarments est absolument normale; dans certaines pièces, ils sont même plus développés qu'ils ne l'ont jamais été. Le système radiculaire, sans avoir le développement d'avant la maladie, est aussi presque entièrement reconstitué et en très bon état de fonctionnement. Il n'y a pas un seul échec, la réussite est uniforme, complète et générale.*

Quant à la récolte, les ceps n'ayant pas encore eu le temps, à la faveur du premier traitement, d'emmagasiner beaucoup de matières nutritives, elle ne pouvait être jusqu'ici bien considérable. Cependant s'il n'y avait pas eu en 1880 la *coulure* qui a sévi avec une intensité tout à fait extraordinaire dans toute la région et qui a enlevé aux cépages rouges au moins les trois quarts de leurs fruits, elle aurait été on ne peut plus remarquable, surtout eu égard à l'état misérable des vignes, quand on a commencé à les soumettre à la médication du sulfocarbonate. Néanmoins, à part les pièces plantées en cépages rouges qui ont, comme nous l'avons dit, le plus souffert de l'inclémence du temps au moment de la floraison, toutes les vignes plantées de cépages blancs ont donné un très fort excédent sur la récolte de 1879. Sur quelques pièces la production a même été tout à fait normale. D'ailleurs le tableau ci-contre donne les détails les plus précis à cet égard.

Récolte des domaines de la Société par pièces de vignes, dans les années 1879-1880.

DOMAINES	DÉSIGNATION DES PIÈCES	NOMBRE de SOUCHES	SURFACE en HECTARES	PRODUCTION EN HECTOLITRES DE 1879				PRODUCTION EN HECTOLITRES DE 1880				DIFFÉRENCES entre les DEUX ANNÉES
				VIN ROUGE	VIN BLANC	TOTAL	MOYENNE à L'HECTARE	VIN ROUGE	VIN BLANC	TOTAL	MOYENNE à L'HECTARE	
Le Montet	Grandes joualles ou julienne	2.857	1.02.90	0.40.60	»	0.40.60	0.37.45	0.81.08	»	0.81.08	0.78.79	+ 40.48
	Jolas des grands champs	870	1.39.00	1.19.00	»	1.19.00	0.83.43	4.05 40	»	4 05.40	2.91.78	+ 2.70.40
	Le Clos.	6.534	1.96.75	0.80.00	»	0.80.00	0.40.67	4.05.40	»	4.05.40	2.06.04	+ 3.25.40
	Les Pouffettes.	2.083	3.33.24	1.59.00	»	1.59.00	0.47.71	6.89 18	»	6.89.18	2.06.81	+ 5.30.18
	Vigne du Four.	858	2.29.07	0.80.00	»	0.80.00	0 34.92	0.81.08	0.76.00	1.57.08	0.35.38	+ 0.01.08
	Jolas du jardin potager	830	0.49.76	3.20.00	»	3.20.00	0.64.30	1.62.16	»	1.62.16	3.62.35	− 1.57.84
	Goularde.	1.750	1.35.00	»	1.20.00	1.20.00	0.95.55	»	0.76.00	0.76.00	0.56.29	− 0.44.00
	Pièce d'Appelle (1)	2.740	0.38.80	»	0.37.00	0.57.00	0.14.69	»	0.00.00	0.00.00	0.00.00	− 0.14.69
	Vigne du Châtaigner (2)	4.700	1.18.51	»	1.14 00	1.14.00	0.97.71	»	1.14.00	1.14.00	0.96.09	− 0.00.00
	Vigne du potager triangulaire	2.100	0.50.00	»	} 1.65.00	1.63.00	0 39.08	»	1.14.00	1.14.00	2 22.22	} + 0.23.00
	Vigne des Rochers	9 802	3.72.05	»		»		»	0.76.00	0.76.00	0 20.40	
	TOTAUX	35.124	17.65.08	7.98.60	4.56.00	12.54.60	0.71.00	18.24.30	4.56.00	22.80.30	1.80.00	+ 10.25.70
Les Vergnes	Ferdinand.	18.024	4.81.46	»	»	14.75.00	3.06 35	4.63.40	12.66.19	17.29.59	3.50.95	+ 2.24.00
	Vieille vigne du Cormier.	2.575	0.72.76	»	0 72.00	0.72.00	0.98.90	»	0.43.66	0.43.66	0.00.00	− 0.28.34
	Vigne des Abimes.	1.650	0.43.50	2.30.00	»	2.30.00	5.28.99	0.59.25	»	0.59.25	1.36.20	− 1 70.75
	Vigne du Pallier (blanc Semilion). .	5.952	1.14.75	»	1.40.00	1.40.00	1.22.01	»	1.31.00	1.31.00	1.14.16	− 0.09.00
	Vigne de la Chasse ou de la Cabane.	5.057	0.75.00	»	1.20.00	1.20.00	1.62.16	0.19.75	2.61.97	3.81 73	3.80.40	+ 2.61.72
	Vigne blanc Semilion des Pruniers .	3.028	0.46.00	»	0.50.00	0.50.00	1.08.68	»	1.74.64	1.74.64	3.70.57	+ 1 24.14
	Vigne rouge du sud en travers . . .	3.438	0.69.39	0.25.00	»	0.25.00	0.36.03	0.19.75	»	0.19.75	0.28.46	− 0.05.25
	Vigne rouge pleine du sud-est (Favros)	4.800	1.16.00	0.25.00	»	0.25.00	0.21.55	0.79.00	»	0.79.00	0.68.10	+ 0.44.00
	Vᵗᵉ vigne blanc en dessous du moulin	2.760	0.63.00	»	»	} Pas de vendunge { 0.00		»	0.87.32	0.87.32	»	+ 0.87 32
	Vignes des métayers, traitées et non traitées	10.000	3	?	»	0.00		0.98.75	0.87.32	1.86.07	0.62.02	+ 1.46.07
	Jeunes jolas de l'ouest	12.114	9.42.00	10.50.00	»	10.50.00	1.11.46	7.79.40	»	7.79.40	0.73.17	− 2.70.60
	Jolas de l'allée des Pommiers . . .	9.840	4.35.24	1.25.00	»	1.25.00	0.28.92	7.68.80	»	7.68.80	1.76.63	+ 6.43.80
	Jeunes jolas de Thoumeyragues . .	446	1.72.00	5.75.00	»	5.75.00	3.34.30	3.10.20	»	3.10 00	1.82.08	− 4.65.00
	Vieux jolas de Thoumeyragues . . .	3.328	2.44.00	1.05.00	»	1.05 00	0.42.54	1.92.00	»	1.92.00	0.33.25	+ 0.87.00
	Jolas des Favros	12.801	1.78.00	1.90.00	»	1.90 00	1.76.74	0.59.25	»	0.59.25	1.27.54	− 1.70.75
	TOTAUX	84.292	33.52.10	23.25.00	5.82.00	41.82.00	1.25.00	28.49.55	20.52.10	49.01.65	1.46.20	+ 7.19.65

(1) Traitée en 1879 au sulfure de carbone. Mauvais résultat.
(2) La moitié environ a été traitée en 1879 au sulfure de carbone. Mauvais résultat.

DOMAINES	DÉSIGNATION DES PIÈCES	NOMBRE de SOUCHES	SURFACE en HECTARE	PRODUCTION EN HECTOLITRES DE 1879				PRODUCTION EN HECTOLITRES DE 1880				DIFFÉRENCES entre les DEUX ANNÉES
				VIN ROUGE	VIN BLANC	TOTAL	MOYENNE à L'HECTARE	VIN ROUGE	VIN BLANC	TOTAL	MOYENNE à L'HECTARE	
Le Roc	Pièce des chasselas.	689	0.22.67	»	0.20.00	0.20.00	0.88 30	»	0.50.00	0.50.00	2.20.57	+ 0.30 00
	Bois Birot.	1.224	0.24.48	»	0.45.00	0.45.00	1.83.70	»	0.56.87	0.56.87	2.32.31	+ 0.11.87
	Jolas de J.-J. Vergniol	3.271	2.77.72	7.75.00	»	7.75.00	2.79.07	4.09.97	«	4.09.97	1.47.61	— 3.65.03
	Grand vignoble — Petit vignoble.	4.095	1.18.75	2.75.00	5.80.00	8.55 00	7.20.00	»	»	13.35.25	11.25.27	+ 4.80.25
	Grand vignoble — Partie pleine du centre.	13.547	} 4.09.00	»	»	12.75.00	} 7.68.65	19.77.00	42.19.39	61.97.00	} 18.48.25	+ 49.22.00
	Grand vignoble — Chêne Donys	2.947		7.85.00	4.00.00	11.85.00		2.24.00	7.47.70	9.72.00		— 2.13.00
	Grand vignoble — Jolas	2.436		6.30.00	»	6.30 00		2.61.00	»	2.61.00		— 3.69.00
	Les quatre journaux	10.395	1.59.90	7.75.00	8.90.00	16.65.00	10.41.28	1.86.35	14.42.07	16.28.40	10.18.38	— 0.36.60
	Jolas de la Garouille	2.142	1.47.51	14 00.00	»	14.00.00	9.48.95	8.20.00	»	8.20.00	3.43.01	— 5.80.00
	Chardonneret.	18.624	3.56.50	13.75.00	26.25.00	40.00.00	11.10.18	»	»	40.05.70	11.23.61	+ 0.05.00
	Vigne isolée de Donys	3.375	0.76.41	(1)	Pas de vendange		»	Quelques kilogr. de raisin.			»	+ ?
	Vigne des ajoncs	1.653	0.52.37									
	TOTAUX.	64.008	16.40.31	60.15.00½	45.60.00	118.50.00	7.22.50	53.91.15	65 15.87	157.37.19	9.59.20	+ 48.87.19
Les Mts-Barbeteaux	Pièce de la plaine — Partie âgée. . .	»	} 1.75.00	37.70.00	»	37.70.00	21.54.29	10.18.00	»	10.18.00	} 7.26.05	— 24.89.40
	Pièce de la plaine — Partie jeune. . .	»						0.70.60	1.82.00	2.52.60		
	Lo Vignoble.	»	2.74.00	»	»	29.64.00	10.82.11	9.70.40	4.10.44	13.80.84	5.03.90	— 15.84.00
	Vigne de la Fontaine	»	0.90.60	»	»	10.39.00	11.54.44	4.16.00	1.82.40	5.98.40	6.64.88	— 4.40.60
	Vigne de Fayolles — Rangs en long.	»	} 1.86.00	»	»	10.75.00	5.75.59	2.11.80	1.36.80	3.48.50	1.87.41	} — 6.10.20
	Vigne de Fayolles — Rangs en travers.	»						0 70.60	0.45.60	1.16.20	0.61.47	
	Vieille vigne des Barbeteaux	»	1.00.00	} 15.00.00	»	} 15.00.00	} 8.53.94	3.53.00	»	3.53.00	1.98.49	} — 10.41.10
	Jeune vigne des Barbeteaux.	»	0.78.00					1.05.90	»	1.03.90	0.59.49	
	La Morigne.	»	1.15.00	»	»	9.60 .00	8.34.78	2.11.25	0.91.20	3.02.45	2.62.95	— 6.57.60
	La Caille.	»	2.68.00	(2)	»	1.90.00	0.62.47	0.70.60	0.91.20	1.61.80	0.60.10	— 0.28.92
	TOTAUX.	»	12.86.00	52.70.00	»	114.98.00	8.94.00	34.98.15	11.39.64	46.37.79	3.60.60	— 68.61.20

(1) Ces deux pièces ont été traitées en 1879 au sulfure de carbone; très mauvais résultats : beaucoup de souches ont été tuées; elles ont été reprises en 1880, au sulfocarbonate.

(2) Traitées en 1879 au sulfure de carbone : mauvais résultat; a aidé à l'action du phylloxéra.

Des résultats obtenus sur les quatre domaines de la Société, il faut aussi en tirer les conclusions suivantes :

Dans le Bordelais, la régénération des vignes les plus affaiblies par le sulfocarbonate de potassium se fait avec une très grande rapidité et une certitude que l'on peut considérer comme absolue si l'opération est bien entendue, et cela dans les situations les plus diverses et quelle que soit la nature du sol. Toutefois l'action du remède est plus intense et plus rapides dans les sols siliceux que dans les sols calcaires ou crayeux, secs en été.

L'emploi des engrais chimiques fait en connaissance de cause est un excellent adjuvant du traitement au sulfocarbonate, mais sans qu'il soit indispensable pour obtenir le but poursuivi, qui est de combattre le mal et de régénérer les ceps affaiblis.

CHAPITRE III

VIGNES AYANT PLUS DE DEUX ANS
DE TRAITEMENT

1° **Vigne de M. de Georges, à Ludon.**

La plus ancienne vigne soumise régulièrement au traitement du sulfocarbonate, appliqué avec le procédé de l'eau comme véhicule, est celle de M. de Georges, à l'Ermitage, commune de Ludon. C'est en 1875 que pour la première fois on appliquait en présence de M. Dumas et sous ma direction le sulfocarbonate sur une tache de 15 ares environ. Au centre de cette tache, plusieurs ceps, malgré leur grosseur et leur vigueur, avaient déjà péri du fait de la maladie, et le reste, suivant l'habitude, était de moins en moins affaibli à mesure qu'on s'éloignait du foyer d'infection. La plantation étant faite suivant le système des palus du Médoc, 2 mètres en tous sens; on faisait autour de chaque cep un récipient carré de 80 centimètres de côté à fond aussi horizontal que possible, et un autre de même dimension entre chaque deux pieds de vigne. Chacun de ces récipients recevait 100 grammes de sulfocarbonate dilués dans 25 ou 30 litres d'eau, soit environ 500 kilogrammes par hectare.

Résultats. — Deux ans après, au commencement de juin 1877, M. de Georges nous écrivait la lettre que voici, qui a été insérée dans les *Comptes rendus de l'Académie des sciences.*

« Les vignes traitées à Ludon, en 1875, par le sulfocarbonate

de potassium, sous les yeux de M. Dumas, et qui étaient alors
en un si triste état, ont commencé à se remettre l'année dernière et m'ont donné une récolte convenable. Cette année,
elles se trouvent être aussi belles que leurs voisines qui n'ont
jamais été atteintes par le phylloxera.

» C'est au sulfocarbonate que je dois cette amélioration, qui
fait l'étonnement de ceux qui avaient vu mes vignes en 1875 et
qui les voient aujourd'hui.

» Je serais heureux que chacun pût se rendre compte de
cette grande amélioration, qui prouve l'efficacité du sulfocarbonate bien appliqué. » (*Comptes rendus de l'Académie des sciences,*
séance du lundi 11 juin 1877, p. 1368.)

Depuis cette époque la vigne de M. de Georges a continué,
grâce à un traitement annuel, à être en pleine prospérité
comme avant la maladie. M. le Comte de Lavergne, voisin
de M. de Georges, qui a aussi commencé à appliquer le sulfocarbonate dès 1875, est aussi très satisfait de ce même remède
et l'a également adopté pour le traitement de ses propriétés. Il
en a été de même au château d'Issan, chez M. Roy, qui continue à obtenir les meilleurs résultats avec le remède en
question.

2° **Vigne de Mezel, près Clermont-Ferrand.**

C'est en 1875 que l'on commença à Mezel, sur les premières
taches phylloxériques qui venaient d'être découvertes, l'application du sulfocarbonate de potassium. Bien que cet application
eût lieu au moyen d'une barre de fer avec laquelle on faisait
les trous pour recevoir le produit, procédé défectueux, qui ne
permet pas à l'insecticide de déployer toute sa puissance, la
Commission départementale dans son rapport de 1878,
s'exprimait néanmoins de la manière suivante sur les résultats
obtenus :

« Les traitements successifs appliqués aux points envahis, au
moyen du sulfocarbonate de potassium, ont eu un double ré-

sultat : enrayer la marche du fléau et redonner aux ceps malades ou mourants une nouvelle vigueur. On constate actuellement de la manière la plus nette, que les parcelles où le phylloxera a été découvert et qui, il y a quatre ans, étaient, de l'aveu des propriétaires, condamnées à périr, sont suffisamment rétablies pour donner une récolte très satisfaisante. Les parcelles où les taches ont été depuis successivement découvertes sont aussi en voie de rétablissement.

» Ce résultat a nécessairement frappé les vignerons, et tandis qu'au début ils s'opposaient à ce que l'on traitât leurs vignes, même aux frais du département, aujourd'hui ils secondent les efforts qui sont faits pour combattre l'ennemi.

» Il est hors de doute pour eux, ils l'ont fréquemment répété, que, sans les traitements appliqués depuis quatre ans, leurs vignes seraient détruites et tout le vignoble compromis, tandis qu'ils ont la promesse d'une récolte qui ne sera pas trop inférieure aux produits des vignes saines.

» Mais comme un seul puceron épargné peut reproduire rapidement une nombreuse postérité comme un seul insecte ailé peut aller à distance implanter une nouvelle colonie, il faut continuer à veiller, à répéter les traitements, et la Commission se propose, le premier venant d'être terminé, d'en appliquer un second quelque temps avant l'apparition probable du phylloxera ailé.

» L'emploi du sulfocarbonate de potassium a trop bien réussi pour que l'on songe à expérimenter à Mézel d'autres remèdes : un échec ou une demi-réussite compromettrait peut-être à tout jamais ce riche vignoble.. . . . . »

(Comités d'étude et de vigilance, publication du Ministère de l'agriculture, 6ᵉ fascicule, pages 167 et 168. 1878.)

Cette année le remède a été appliqué d'après mes instructions au moyen des appareils de la Société nationale contre le phylloxera (matériel à bras), et avec le procédé de l'eau comme véhicule. On a mis 50 grammes de sulfocarbonate par souche, dilués dans 15 litres d'eau, sous l'intelligente direction du savant et sympathique directeur de la station agronomique de Clermont,

M. Truchot, secondé avec le plus grand zèle par M. Archambault, maire de Mezel. Nous avons revu, le 1er septembre, lors du Congrès de Clermont, les vignes qui avaient été ainsi opérées ; celles que l'on traitait depuis 1875 pouvaient être considérées comme complètement régénérées, elles avaient une récolte normale ; celles traitées seulement en 1880, ont fait d'immenses progrès vers leur rétablissement, quoique leurs pousses n'aient pas encore la longueur normale ; leurs racines présentent un abondant nouveau chevelu qui, tout en démontrant la bonne action du remède, fait espérer que ces vignes seront aussi bientôt revenues à leur ancienne prospérité ; car avec le procédé de l'eau, la médication agira beaucoup plus rapidement qu'avec l'application au pal. Dans l'intérêt des viticulteurs de cette riche contrée, et dont on ne comprend pas l'hostilité de quelques-uns en présence de tels résultats, il est à souhaiter que les opérations du traitement soient non seulement continuées le plus tôt possible, mais encore étendues à toute la surface actuellement contaminée, qui augmente d'année en année dans des proportions considérables.

3° **Vigne de M. Moullon, à Cognac.**

Dès 1869, M. Moullon découvrait dans ses vignes des taches qu'il reconnut en 1870 provenir du phylloxera ; ayant un vignoble de 30 hectares environ très productif, il commença en 1871, divers traitements qui tous ne produisirent aucun bon effet ; c'est ainsi qu'en 1875, ce vignoble était réduit à 6 hectares et encore ceux-ci fortement atteints, ne présentent qu'une bien faible végétation, le propriétaire était-il aussi sur le point de les arracher ; mais alors le sulfocarbonate de potassium et le sulfure de carbone étaient recommandés. Sans se préoccuper des frais, M. Moullon, si dévoué à cette grande question du phylloxera, s'empressa d'appliquer à ses 6 hectares de vignes les traitements préconisés par la science, savoir : 3 hectares au sulfure de carbone et 3 hectares au sulfocar-

bonate appliqués au moyen du pal. Tandis que la végétation
de celles traitée au sulfure de carbone ne s'améliora que fai-
blement, celles soumises à l'action du sulfocarbonate étaient
entièrement régénérées dès la troisième année de traitement.
Ces faits ont été vérifiés et constatés par la Commission
internationale de 1878. Mais, M. Moullon reconnaissant l'infé-
riorité du sulfure de carbone comparé au sulfocarbonate et convaincu d'autre part que ce dernier produit ne développait
toutes ses propriétés insecticides qu'employé avec le procédé
de l'eau comme véhicule, dès 1878, les 6 hectares de vignes
restant à Vitis-Parc étaient traités au sulfocarbonate de potassium appliqué avec nos appareils mécaniques, à la dose de
75 grammes dilués dans 20, plus 5 litres d'eau. L'année dernière,
M. Vimont, rapporteur de la Commission internationale de
1878 s'exprimait ainsi dans un nouveau rapport (page 20), au
sujet de la vigne de M. Moullon :

« La vigne est superbe, le bois très fort et vigoureux, la
fructification excellente, malgré la gelée et la *coulure* qui cette
année ont partout sévi. Ces vignes sont complètement rétablies, elles ont donné à la dernière récolte, 80 hectolitres à
l'hectare (chiffre de 1878), quand, dans les bonnes années, le
rendement ne dépasse guère 100 hectolitres... »

Cette année les résultats ne sont pas inférieurs à ceux des
années précédentes, la vigne traitée continue à être dans un
excellent état de production et la situation si bien représentée
par M. Vimont l'année dernière est encore vraie dans toute sa
teneur. En un mot, le sulfocarbonate appliqué avec le procédé de l'eau et notre système mécanique a donné chez
M. Moullon un résultat aussi satisfaisant qu'on puisse le désirer sous le rapport de la régénération de la vigne, de la
fructification et de la persistance des effets de la médication.

Certains adversaires des sulfocarbonates de potassium ont
dit que la nature du sol de M. Moullon et les bons soins
de ce propriétaire étaient pour beaucoup dans lesdits résultats : on ne saurait en effet nier que les terrains siliceux
ou argilo-siliceux, ainsi que la bonne culture ne soient un

puissant élément pour combattre le mal ; mais cet état de choses n'avait pas empêché la vigne de M. Moullon de tomber à rien avant le traitement, et par-là même il est permis de dire que celui-ci n'a eu qu'une influence secondaire dans les résultats obtenus ; et enfin, ce qui réfute le mieux cette assertion, c'est qu'il y a aussi une partie des vignes de M. Moullon qui est située sur un très mauvais sol calcaire et qui n'en a pas moins été régénérée. D'autre part, on voit aussi chez quelques voisins, situés en pareil sol, des vignes très bien entretenues qui n'en ont pas moins été détruites.

4° Vigne de M. Henri Marès, à Launac (Hérault).

Le vignoble de M. Marès camprenait environ 130 hectares ; la maladie y a été signalée dès 1873, d'abord par quelques taches, et, suivant la règle générale, peu à peu toute la surface a été envahie. Un système de traitement préventif appliqué à tout le vignoble fut mis en œuvre de novembre 1873 à mars 1874. Il consistait dans l'application sur le sol, en les répandant à la volée, des sels de potasse de diverses origines et des fumures. Ce traitement n'empêcha pas le rabougrissement des ceps, soit des points d'attaque découverts en octobre 1873, soit de ceux qui étaient restés latents.

Les points d'attaque furent spécialement traités avec un mélange de sulfure de potassium et de sulfate d'ammoniaque, et partout où M. Marès employa ce remède, la maladie fut enrayée et l'étiolement arrêté.

En 1875, il continua à appliquer le même traitement, et il expérimenta aussi les sulfocarbonates sur quelques parcelles seulement.

En 1876, il traita, comme il le dit lui-même, dans une communication à l'Académie, plus de 20,000 souches de son vignoble avec le sulfocarbonate en mélange avec *le marc de soude* (2 litres de marc imbibé d'un demi-décilitre de sulfocarbonate et suivi d'un raffermissement).

En 1877, il étendit le traitement à 50 hectares. 30 des meilleurs furent soumis au sulfocarbonate de potassium, appliqué à l'état concentré et sans eau en faisant avec un pal trois trous autour du cep, et 20 hectares furent traités avec le sulfure de carbone, appliqué à la dose de 20, 10 et même 6 grammes par cep, répartis en trois trous; le reste fut à peu près abandonné, ne recevant guère que la façon et la fumure habituelles.

Enfin, en 1878, M. Marès, reconnaissant la supériorité de l'application du sulfocarbonate avec le procédé de l'eau comme véhicule, que j'ai été le premier à indiquer et à décrire, et dont j'ai fait une étude toute spéciale depuis 1874, tout en m'efforçant de le rendre pratique, étendit ce mode sur près de dix-sept hectares de son vignoble, tandis qu'il ne réserva que quelques hectares pour l'expérimentation du sulfure de carbone.

RÉSULTATS. — En considération du mode d'opération, les résultats doivent être divisés en deux parties bien distinctes : ceux obtenus avant 1878 et ceux obtenus depuis.

1° *Avant 1878.* — On sait maintenant d'une manière très précise, tant par les résultats obtenus par M. Marès que par ceux signalés par d'autres expérimentateurs, comment agissent les remèdes employés jusqu'alors à Launac.

On sait que les fumures, le sulfure de potassium, le sulfate d'ammoniaque, la suie, le sulfocarbonate en mélange avec le marc de soude, ou même avec le pal, procédés auxquels on a eu successivement recours, ne sont pas des remèdes d'une efficacité certaine. On sait, maintenant que les faits sont venus le démontrer, qu'ils n'ont qu'une efficacité relative; en d'autres termes, qu'ils peuvent bien retarder la mort de la plante, mais qu'ils ne peuvent l'empêcher. Or, c'est ce qui est arrivé à Launac : les substances en question, appliquées dès le début de la maladie, ont produit, suivant ce qui a lieu en pareil cas, un simple ralentissement dans le dépérissement de la vigne, mais sans pouvoir l'éviter. Chaque année, les ceps ont perdu de plus en plus de leur vigueur.

Au printemps 1878, M. Marès commença à faire *ce qu'il aurait fallu faire* plus tôt, si les circonstances l'avaient permis : il appliqua le sulfocarbonate d'après nos instructions spéciales, avec le procédé de l'eau comme véhicule, le seul d'une efficacité éprouvée sous tous les rapports et au moyen de no appareils mécaniques (1). Malheureusement cette manière d'opérer a eu lieu au moins une année trop tard, à Launac; le remède n'a plus trouvé que des vignes déjà trop affaiblies, ou en tout cas beaucoup plus que ne le pensait le propriétaire.

Résultats en juillet 1878. — Laissant de côté le reste du vignoble qui avait été abandonné et qui a disparu dès 1878, ainsi que les parties traitées au sulfure de carbone, la vérité est que l'état antérieur, tel que je l'ai tracé, étant admis, le sulfocarbonate produisit cette année, à Launac, le meilleur effet.

Sauf quelques très rares parties de faible étendue, tous les carrés qui furent sulfocarbonatés étaient au mois d'août d'une verdeur extrêmement remarquable;

Les taches tendaient à s'effacer de plus en plus, et par suite, le vignoble entier à prendre un aspect uniforme.

Le système radiculaire qui était presque entièrement détruit, qui n'était plus représenté que par la souche et la base des grosses racines, commença à se refaire et au mois d'août les ceps traités, au lieu de jaunir, verdirent et allongèrent leurs pousses de quelques décimètres.

Quant à la récolte, étant donné des vignes aussi malades, elle ne pouvait être très belle. Sur la plupart des pièces elle fut insignifiante, de quelques hectolitres seulement, et comme moyenne générale au-dessous de 10 hectolitres, ce qui est bien peu, pour des vignes qui produisaient de 150 à 200 hectolitres en moyenne avant le phylloxera.

---

(1) Avec le premier chantier que nous venions de faire construire avec M. F. Hembert, grâce au dévouement et la libéralité empressée de notre ami M. P. Teissonnière.

13

Traitement de 1879. — En 1879, eu égard au degré de maladie des vignes de Launac, je reconnus la nécessité, pour les régénérer, de faire deux applications de sulfocarbonate, l'une au printemps pour détruire les phylloxeras hibernant, l'autre vers la fin de juillet, pour protéger le nouveau chevelu contre la réinvasion inévitable d'été. Je fus assez heureux pour amener M. Marès à partager ma manière de voir et les parties les plus affaiblies reçurent en avril-mai, un traitement à raison de 250 kilogrammes de sulfocarbonate soit 60 grammes par souche dilués dans 20+10 litres eau et un autre de la même quantité dans la première quinzaine d'août. Pour ces deux traitements, les racines se trouvant être détruites à partir d'une faible distance de la souche, je conseillai des cuvettes circulaires profondes jusqu'aux principales racines, de 35 à 45 centimètres de largeur, afin de concentrer les effets de la solution · sulfocarbonatée sur les parties encore vivantes de la souche d'où devaient repartir les nouvelles productions radiculaires. De cette manière le remède se trouvait ainsi agir plus profondément pour les mêmes quantités de solution sulfocarbonatée qu'avec des cuvettes plus larges et moins profondes.

Résultats. — Les résultats furent on ne peut plus sensibles : la réinvasion phylloxérique d'été ayant été détruite, les nouvelles racines furent conservées ; la pousse d'août se fit vigoureusement ; la récolte atteignit près de 50 hectolitres à l'hectare, comme moyenne générale ; quelques parcelles donnèrent même jusqu'à plus de 60 hectolitres.

Traitement de 1880. — Cette année, les vignes de M. Marès ont reçu avec les appareils mécaniques de la Société et conformément à mes desseins, un demi-traitement en mai et les parties les moins vigoureuses un deuxième demi-traitement dans le courant de juillet-août. Le 28 juin, dans une communication à l'Académie des Sciences, M. Marès s'exprimait ainsi sur le résultat :

« Je constate à Launac sur toutes mes vignes traitées, et plus » particulièrement sur celles qui ont reçu du sulfocarbonaté

» de potassium dissous, une reprise des plus remarquables qui
» dépasse de beaucoup celle de l'année dernière; nous nous
» rapprochons de l'état normal, nous l'atteignons même sur divers
» points avec le sulfocarbonate, *après être tombé en 1878 au dernier*
» *état de délabrement* sous la double influence du phylloxera
» et de la sécheresse ».

Depuis cette époque les vignes de Launac se sont encore
considérablement améliorées car elles n'ont pas cessé de pousser
vigoureusement jusque vers la fin de septembre.

Voici d'ailleurs ce que dit M. Marès dans sa communication
du 17 janvier 1881 à l'Académie des Sciences :

« Les résultats ont été des plus remarquables. Ils commençaient
» à se manifester lentement en 1879 ; mais en 1880 ils se sont
» affirmés par une grande augmentation de végétation et de
» fructification et par une reconstitution remarquable de nouvelles
» racines sur lesquelles le phylloxera a considérablement dimi-
» nué et même presque disparu dans le courant du mois d'oc-
» tobre. Dans les vignes de 16 à 18 ans *plusieurs parcelles sont*
» *même presque revenues à l'état normal,* malgré les contrariétés
» qu'a éprouvées en 1880 la végétation de la vigne et les attaques
» d'insectes (vers gris, altise, etc.) dont elle a été comme accablée
» jusqu'à la mi-juillet...

. . . .

» Comme fructification la progression a été la suivante pour
» trois parcelles de 16 à 18 ans d'âge plantées en aramon et
» formant ensemble une surface de 5 hectares :

    1878, 1re année de traitement 144 litres de vendange
    1879, 2e   —   300   —
    1880, 3e   —   531   —

« A l'état normal ces 5 hectares produisaient en moyenne en-
» viron 1,000 litres de vendange, qui donnaient 300 litres de
» vin. Dans tous les cas en 1880, *la récolte a été à peu près*
» *quatre fois plus forte qu'en 1878* ; elle approche de celle de
» 1877 et la végétation des racines et des sarments est en
» harmonie avec cette fructification. Le traitement par le

» sulfocarbonate de potassium me paraît donc de nature à
» conserver les vignes sur lesquelles il sera régulièrement ap-
» pliqué ».

Ajoutons que les quinze à vingt hectares de vignes qui restent
encore à M. Marès sont à peu près les seules qui existent actuellement dans la belle plaine de Launac.

Tels sont les magnifiques résultats que nous avons obtenus
avec le sulfocarbonate appliqué suivant nos procédés dans
une contrée où la sécheresse de l'été rend la défense des vignes
si difficile contre la multiplication et les effets du phylloxera.

5° Chez M. Mauberna, à Beauvoisin (Gard).

M. Mauberna, qui applique aussi le sulfocarbonate dilué dans
l'eau depuis plusieurs années, en est aussi on ne peut plus
satisfait; grâce à ce remède, il a pu, nous dit-il dans une lettre,
maintenir en pleine production des vignes âgées et ramener
à la prospérité de jeunes plantations.

RÉSUMÉ GÉNÉRAL ET CONCLUSIONS

En résumé, la Société nationale contre le phylloxera a traité
directement avec ses appareils dans la campagne de 1880 :

> 38 hectares de vignes ayant plus de
> deux ans de traitement.
> 194 hectares ayant deux ans de trai-
> tement.
> 428 hectares pour la première fois.

Soit un total d'environ 660 hectares ou 2,839,971 souches,
comme surface pleine et en surface complantée, environ 700
hectares répartis entre 95 propriétaires, 110 propriétés et
10 syndicats subventionnés par le Gouvernement; *soit 20 fois*

la quantité de la première année. Le traitement de cette superficie a demandé 94,549 heures de travail, ou environ 11,818 journées de 8 heures, en moyenne de 3 francs l'une. On a employé 221,050 kilogrammes de sulfocarbonate de potassium, soit une moyenne par hectare de $\frac{221,050}{663}$ = 335 kilogrammes, avec une quantité minima de 250 kilogrammes, et une quantité maxima de 700 kilogrammes, ou de 55 à 180 grammes par souche. La quantité de charbon a été d'environ 198,257 kilogrammes, soit en moyenne, par hectare, de 305 kilogrammes. La quantité de solution sulfocarbonatée mise par souche a varié de 15 à 50 litres et a été en moyenne de 115 mètres cubes par hectare, ou pour les 2,839,971 souches d'environ 74,758,000 litres.

Le liquide nécessaire à la formation de la solution sulfocarbonatée a été conduit mécaniquement à des distances qui ont varié de 100 mètres à environ 4,000 mètres pour des altitudes de moins de 15 mètres (syphons), à 180 mètres mesurés à la pression du manomètre de la canalisation (voir tableau plus loin); résultat qui démontre que la question de l'eau nécessaire à la bonne application du sulfocarbonate peut être, aujourd'hui, considérée comme complètement résolue.

Enfin, le prix du traitement a varié de 250 à 420 francs, non compris la confection des cuvettes pour les cas où l'on n'a pu les faire rentrer dans une façon culturale, et a été en moyenne d'après les sommes payées à la Société, d'environ 305 francs. Mais, si l'on tient compte de la valeur des 90 kilog. de potasse chimiquement purs qni sont entrés dans le traitement de chaque hectare moyen, et qui se sont trouvés par le fait même de l'opération tout placés dans le sol, il en résulte que le remède en lui même n'est revenu qu'à environ 220 à 225 francs et, dans beaucoup de cas, à moins de 200 francs, chiffre qui démontre la grande économie du sulfocarbonatage.

Le tableau ci-contre, sur lequel nous appelons la plus sérieuse attention de nos lecteurs, résume d'ailleurs, les principales circonstances du traitement des groupes ou stations de machines.

Principales circonstances des traitements effectués
Au moyen du système mécanique de **en 1880 par la Société Nationale contre le Phylloxera**
MM. P. Mouillefert et Félix Hembert.

ÉPOQUES DES TRAITEMENTS	NOMS DES GROUPES ou DES PROPRIÉTAIRES TRAITÉS	DISTANCES auxquelles on a refoulé l'eau (de)	(à)	ALTITUDES auxquelles on a refoulé l'eau (de)	(à)	PRESSION aux MANOMÈTRES — de la CHAUDIÈRE	PRESSION — de la POMPE	VITESSE MOYENNE DE LA POMPE — NOMBRE DE TOURS PAR MINUTE
Du 10 janvier au 18 mars	Groupe de la Provenquière (1re machine)	1.200	à 2.950	15	à 56	7.5	6 à 14	100
Du 29 — au 13 —	— (2e —)	100	700	4	15	4	2 4	32
Du 14 mars au 4 avril	Groupe Mondiès-Boccou	100	700	5	15	4	2 4	32
Du 5 au 20 avril	Groupe de Portyragues-Pelgry	400	600	1	11	3	2 3	52
Du 3 au 14 février	Siphon de Poilhes, 1re station	510	860	10	15	»	»	»
Du 14 février au 24 mars	— 2e —	600	1.200	8	12	»	»	»
Du 6 mars au 8 avril	Siphon de Capestang	600	1.006	9	12	»	»	»
Du 19 mars au 8 mai	Groupe Capestang-Bastide	2.000	2.850	30	65	7 à 8	12 à 15	80
Du 8 avril au 31 mai	— Guibert, Viennet et Albinet	1.100	4.000	10	74	7 8	10 17	75
Du 3 au 25 mars	— de la Gourgasse	375	575	2	7	4	2 3	120
Du 29 mars au 16 avril	— de Puisserguier	1.200	1.800	5	17	7	8 10	110
Mars et août	— Villeneuvette, M. J. Maistre	500	700	5	18	5	2 3	120
Mai et août	— Lounac, M. H. Marès	200	1.100	1	8	4	2 4	33
Du 20 février au 9 mars	Domaine du Roc (à la Société)	500	1.500	30	45	4 à 6	7 8	100
Du 9 mars au 8 avril	— des Vergues-Vidal	528	1.630	8	35	3 4.5	4 7	110
Du 9 au 14 avril	De Bacalan aux Caries	420	880	5	20	4	4 5	120
Du 30 mars au 23 avril	Domaine du Moniet et voisins	250	980	4	35	5 à 8	4 9	100
Du 20 mai au 7 juin	Guignard, aux Verdiers	350	640	10	15	4 8	3 8	50
Du 14 au 24 juin	Vergniol, aux Gorins	730	1.500	20	40	6 8	5 11	75
Du 22 juin au 10 juillet	Pauvert, aux Guillebaux	250	750	7	15	3 4	3 5	32
Du 7 au 23 juin	Laregnère	325	816	10	25	4 6	3 4	75
Mai-juin	Domaine des Muts Barbetaux	325	1.632	1	25	3 8	4 10	75
Du 11 au 20 mai	Bois, à Fontgrenier	325	560	2	5	3 5	2 3	32
Du 24 juin au 7 juillet	Arboin-Nais	700	1.600	10	50	6 8	5 13	75
Du 8 juillet au 12	J. et O. Vergniol et A. Fourcaud	500	560	6	10	6 7	4 5	75
Du 13 au 22 juillet	Eugène Fourcaud	1.040	1.233	40	50	6 7	9 10	40
Du 23 avril au 19 mai	Syndicat de Cognac	722	1.130	12	20	4 5	4 8	30
Du 23 mai au 1er juin	Jules Robin, à Lafont	300	650	1	10	3 4	3 6	32
Du 13 au 29 mai	Domaine de Vergnette	400	950	10	20	6 7	3 7	80
Du 31 mai au 29 juin	Groupe de Chantereine et du Cailloux	300	2.750	8	20	6 8	5 14	80
Du 23 juin au 6 juillet	— d'Aigres	250	1.250	6	15	6 7	3 12	110
Du 16 août au 16 sept.	— — (traitement d'été)	250	1.800	8	20	4 6	4 10	120
Du 14 au 26 avril	Château de Salles (Delange)	480	840	5	12	3 4	3 5	125
Du 27 avril au 14 mai	Château Roussillon-Néac (Fombert)	440	550	5	12	3 4	3 4	115
Du 15 au 22 mai	Château Ciorat (Brisson)	210	850	10	15	3 4	3 5	120
Du 24 mai au 7 juin	Château des Tours (Azevedo)	600	1.250	6	17	4 6	6 9	120
Du 8 au 21 juin	Mme Delange, à Canon	380	500	3	10	4 5	4 6	115
Du 22 juin au 1er juillet	Rabanier, à M. Delange	800	850	7	15	4 5	4 5	110
Du 23 avril au 15 mai	Château Senailhac, M. Cabagnet	600	1.260	3	38	4 8	5 9	115
Du 17 mai au 9 juin	Groupe de Bonnetan	450	1.100	10	25	5 8	4 9	112
Du 10 juin au 2 juillet	— de Beauroch (Mme de Lafaye)	300	1.120	15	60	6 8	7 10	110
Du 16 au 28 août	— — traitement d'été	900	1.600	15	30	6 8.5	6.5 10.5	102
TOTAUX		»		»		»	»	»

NOMS DES GROUPES	CHARBON DÉPENSÉ en kilogs.	QUANTITÉ de SULFOCARBONATE — PAR SOUCHE en grammes	QUANTITÉ de SULFOCARBONATE — TOTALE en kilog.	QUANTITÉ D'EAU — PAR SOUCHE en litres	QUANTITÉ D'EAU — TOTALE en mètres cubes	QUANTITÉS TRAITÉES — EN SOUCHES	QUANTITÉS TRAITÉES — EN HECTARES	TEMPS PASSÉ au traitement en heures	PRIX du TRAITEMENT par hectare	OBSERVATIONS
Groupe de la Provenquière (1re machine)	34.030	60 à 125	31.314	25 à 50	10.084	375.371	93.85	8.932	275	Machine à action directe.
— (2e —)	8.970	60	6.900	25	2.860	114.495	28.62	2.514	250	
Groupe Mondiès-Boccou	3.138	60	1.992	25	830	30.000	8.50	1.496	250	Machine à transmission.
Groupe de Portyragues-Pelgry	1.037	125	6.300	40	1.016	25.400	6.35	853	400	
Siphon de Poilhes, 1re station	»	60 à 120	3.770	40	1.399	34.965	8.74	1.200	360	Siphon.
— 2e —	»	»	16.215	40	5.641	141.006	35.25	4.574	360	
Siphon de Capestang	»	»	7.771	40	3.204	80.140	20.05	2.762	300 à 400	
Groupe Capestang-Bastide	13.225	75 à 120	7.620	25	2.539	101.564	25.30	3.957	350	
— Guibert, Viennet et Albinet	20.500	60	9.030	25	3.763	175.393	43.54	6.752	250	Machine à action directe.
— de la Gourgasse	3.860	60 à 120	7.757	25 à 40	2.917	107.683	26.75	3.735	260	
— de Puisserguier	7.060	60	5.467	25	2.185	87.400	21.85	2.969	250	
— Villeneuvette, M. J. Maistre	»	75	11.650	25	1.940	77.600	19.40	»	280	Traitement par le propriétaire 2 fois avec ses appareils.
— Lounac, M. H. Marès	»	62	8.118	25	3.000	128.000	32.00	»	350	
Domaine du Roc (à la Société)	4.900	75 à 100	5.540	25	1.552	60.049	14.00	2.402	350	Machine à action directe.
— des Vergues-Vidal	7.263	75 150	10.652	25	2.184	91.644	21.36	3.537	300 à 413	
De Bacalan aux Caries	1.170	60	848	25	353	14.125	2.83	449	300	
Domaine du Moniet et voisins	3.512	60 à 180	1.077	25	1.003	42.391	9.44	1.783	300 à 408	Machine à action directe.
Guignard, aux Verdiers	3.380	60 75	2.872	25	1.142	45.653	9.13	1.884	300	
Vergniol, aux Gorins	1.680	60	1.031	25	655	26.251	5.21	379	300	
Pauvert, aux Guillebaux	1.856	60	2.093	25	872	34.978	6.97	1.231	300	Machine à transmission.
Laregnère	1.580	60	1.193	25	496	19.875	3.98	949	300	Machine à action directe.
Domaine des Muts Barbetaux	4.180	75 à 100	5.540	25	1.400	55.850	12.61	2.380	333	Machine à transmission.
Bois, à Fontgrenier	1.235	60	1.002	25	415	16.695	3.31	448	350	
Arboin-Nais	3.230	60	2.424	25	1.000	40.424	8.09	1.618	300	
J. et O. Vergniol et A. Fourcaud	1.310	60	507	25	1.210	8.456	1.69	852	300	Machine à action directe.
Eugène Fourcaud	2.550	60	950	25	395	15.825	3.16	1.100	350	
Syndicat de Cognac	2.550	60	2.354	25	965	36.609	8.40	1.489	300	
Jules Robin, à Lafont	1.010	140	1.358	25	340	13.578	2.30	690	400	Machine à transmission.
Domaine de Vergnette	4.500	88	6.535	25	1.839	73.485	16.33	3.213	350	
Groupe de Chantereine et du Cailloux	14.000	80	9.720	25	2.960	118.530	26.30	5.126	350	
— d'Aigres	6.977	75 à 88	4.652	25	1.667	50.340	13.40	2.503	350	
— — (traitement d'été)	11.298	55	4.648	25	2.365	91.530	20.34	3.937	210 à 225	
Château de Salles (Delange)	2.180	88	4.134	15 à 25	1.295	44.228	6.00	2.003	418	
Château Roussillon-Néac (Fombert)	2.621	67 à 75	5.280	15 25	1.506	75.281	12.00	2.840	430	
Château Ciorat (Brisson)	1.475	67	2.265	25	675	33.799	6.00	983	400	
Château des Tours (Azevedo)	1.701	75	2.400	25	730	51.814	6.00	1.308	335	Machine à action directe.
Mme Delange, à Canon	3.026	60 à 70	2.262	25	913	36.624	6.00	1.614	400	
Rabanier, à M. Delange	1.078	53 77	845	25	351	14.053	4.36	672	335	
Château Senailhac, M. Cabagnet	4.660	125	10.500	25	2.124	85.986	29.00	3.876	340	
Groupe de Bonnetan	3.620	62 à 125	6.610	25	1.788	69.130	19.20	937	332	
— de Beauroch (Mme de Lafaye)	4.120	75 125	4.900	25	1.425	58.600	11.40	1.654	310	
— — traitement d'été	2.725	100	3.040	25	760	30.400	7.60	1.407	325	
TOTAUX	198.257	»	221.051	»	74.758	2.824.971	659.63	94.549	»	

En outre de ces traitements entrepris à forfait par la Société, 25 propriétaires auxquels on a livré environ 24,634 kilog. de sulfocarbonate ont aussi appliqué le sulfocarbonate eux-mêmes, d'après nos procédés, et les instructions que nous leur avons fournies, sur environ 75 hectares (1).

Quant aux résultats obtenus, on peut les résumer ainsi :

1° *L'efficacité du sulfocarbonate est absolument certaine*, et cet insecticide est capable de régénérer les vignes les plus malades sans exception, sous tous les climats et dans toutes les situations, si l'on a soin de se conformer pour les quantités et la manière de procéder, aux principes que nous avons établis et que nous avons indiqués dans nos nombreux écrits sur ce sujet depuis 1874 ;

2° Lorsqu'une vigne affaiblie a été régénérée, on peut facilement la maintenir prospère au moyen du sulfocarbonate de potassium, ce qui supprime toute crainte au sujet de la persistance des effets de ce remède, fait par conséquent de première importance ;

3° Tel que l'on fabrique actuellement le sulfocarbonate (15 à 16 0/0 de sulfure de carbone), la dose strictement insecticide ne doit pas être inférieure à 50 ou 60 grammes par mètre carré de terrain arrosé ou inférieure au titre de 1/500 en poids. Le titre le plus ordinaire doit être compris entre 1/250 à 1/350 ;

4° La régénération de la vigne se fait d'autant plus vite que la dose de sulfocarbonate employée est plus élevée ; les engrais chimiques azotés mis au moment du traitement aident avantageusement à relever une vigne épuisée ; mais alors, on peut diminuer la dose de sulfocarbonate ;

---

(1) Nous rappelons que la *Société nationale contre le phylloxera*, cède des licences, ou des droits de brevets, et du matériel aux propriétaires, pour l'emploi de son système mécanique à des prix extrêmement minimes, de manière a en étendre, le plus rapidement possible, la vulgarisation. qui est, dans l'intérêt général, son principal but.

5° L'action insecticide de la solution sulfocarbonatée en de-hors des parties mouillées *augmente dans le sens radical et ver-tical avec son degré de concentration,* de sorte que si l'on veut économiser la solution sulfocarbonatée, on peut y suppléer dans une certaine mesure en augmentant la dose de sulfocarbonate ;

6° Le sulfocarbonatage, bien entendu, fait au début de l'in-vasion phylloxérique arrête la maladie dans sa marche et augmente la récolte dans des proportions très appréciables qui viennent souvent compenser, et même au-delà, les frais de traitement ;

7° *Le sulforcarbonate n'est pas seulement un remède sûrement effi-cace et sans danger pour la vigne, et un fertilisant au plus haut point, mais grâce à notre système mécanique, il est aussi maintenant appli-cable dans la plupart des vignobles à des conditions parfaitement éco-nomiques et avantageuses, tandis qu'avant l'invention de nos appareils, un sulfocarbonatage coûtait, dans la plupart des circonstances, plusieurs milliers de francs, c'est-à-dire à peu près inabordable à la presque totalité des vignobles* (1).

8° La Société que nous avons eu l'honneur de fonder avec nos amis et le puissant concours financier de quelques hommes de bien, qui ont vu là un grand acte de patriotisme à accomplir, a aussi résolu, dans un autre ordre de choses, la question de vulgarisation du sulfocarbonatage, et lorsque dans un temps rapproché cette Société sera à même de remplir entièrement son programme, une diminution considérable pourra être encore réalisée sur les prix actuels du sulfocarbonate et de son application.

Mais pour abréger la période de vulgarisation et hâter l'a-vènement de la période culturale, il est nécessaire que l'ex-cellente loi sur les syndicats viticoles continue à être ap-pliquée dans l'esprit le plus large, et non malheureusement

---

(1) Un fait extrêmement remarquable ressort aussi des traitements de la cam-pagne dernière, c'est que : *nulle part il n'y a eu d'échec marqué et qu'aucun des cent et quelques propriétaires qui ont employé le sulfocarbonate n'a signalé à la Société un insuccès ou exprimé son mécontentement au sujet des résultats obtenus.*

14

dans le sens un peu étroit comme on le fait actuellement, et sur lequel renchérissent encore quelquefois les autorités départementales dont certaines ne se contentent pas seulement de rogner le plus possible les crédits alloués par le gouvernement, qui jusqu'ici dans cette question a fait grandement son devoir, mais encore de susciter mille entraves aux propriétaires qui veulent profiter des dispositions de cette loi, comme si l'on voulait, de parti pris, arriver à les décourager.

Les syndicats pour les traitements au sulfocarbonate de potassium sont tout particulièrement en butte (sans que l'on sache trop pourquoi) aux tracasseries des fonctionnaires départementaux, en général fort ignorants dans la question du phylloxera. Certains ne se gènent pas, contrairement à leur mission qui doit être scrupuleusement impartiale, de se faire les champions de tel ou tel système et de combattre par tous les moyens dont ils disposent le sulfocarbonate de potassium, qui est cependant recommandé par la Commission supérieure du phylloxera et subventionné par le gouvernement. Nous nous permettons d'appeler d'une manière toute spéciale l'attention la plus sérieuse de M. le ministre de l'Agriculture sur ces faits extrêmement graves, en même temps que sur la nécessité d'obtenir des Chambres des crédits plus considérables que ceux votés jusqu'ici pour la subvention des syndicats viticoles, que l'on doit chercher à encourager le plus possible, parce que leur extension intéresse la France entière. En effet, il ne faut pas perdre de vue que les résultats obtenus par les propriétaires syndiqués qui font traiter, ne profitent pas qu'à eux seuls, mais bien à toute leur contrée, et qu'ils contribueront puissamment à vulgariser les moyens de défense, ce qui est le but à atteindre.

D'autre part, il est aussi de la plus grande utilité que l'État favorise la création de canaux d'irrigation partout où cela sera nécessaire, soit pour la submersion, soit pour l'application du sulfocarbonate; qu'il aménage et modifie le régime des eaux dans le même but; qu'il fasse pour la viticulture ce qu'il a fait au début pour l'organisation des chemins de fer, soit en agissant par subvention, soit garantissant un minimun d'intérêts aux capitaux concourant à l'œuvre de la régénération du vignoble français.

Enfin, que les Compagnies de chemins de fer, qui sont les premières intéressées, et dont le puissant et généreux concours a été jusqu'ici, de diverses manières, si précieux dans cette importante question du phylloxera, transportent gratis ou aux plus basses conditions possibles le sulfocarbonate et l'outillage nécessaire à son emploi, afin de contribuer pour ce qui les concerne, à la vulgarisation de ce moyen de combattre le fléau viticole.

C'est ainsi que l'on arrivera rapidement à étendre les moyens de défense et à conserver à la France une de ses plus riches productions nationales, sur laquelle repose l'existence de nombreuses populations déjà si gravement atteintes par ce fléau sans exemple de la viticulture.

TABLE DES MATIÈRES

CHAPITRE PREMIER

Vignes ayant une année de traitement.

CHAPITRE II

Vignes ayant deux ans de traitement.

CHAPITRE III

Vignes ayant plus de deux ans de traitement.

RÉSUMÉ GÉNÉRAL ET CONCLUSIONS

IMPRIMERIE CENTRALE DES CHEMINS DE FER. — A. CHAIX ET Cᵢᵉ, RUE BERGÈRE, 20, A PARIS. — 1815 1.

OUVRAGES DU MÊME AUTEUR

SUR

LE PHYLLOXERA

Expériences faites à la station viticole de Cognac, en collaboration avec M. Maxime Cornu, dans le but de trouver un procédé efficace pour combattre le Phylloxera. Extrait des mémoires présentés par divers savants à l'Académie des sciences. In-4° de 240 pages, Paris, Imprimerie Nationale, 1876. En vente chez Gauthier-Villars, 55, quai des Augustins. — Prix **5 fr.**

Le Phylloxera. Moyens proposés pour le combattre. État actuel de la question. Avec planches coloriées dans le texte. In-8° de 142 pages. Paris, chez G. Masson, 120, boulevard Saint-Germain, 1876. — Prix . . . . **4 fr.**

Résultats obtenus avec le sulfocarbonate de potassium à la station viticole de Cognac, en 1876. Mode d'emploi des sulfocarbonates alcalins. Paris, Librairie agricole, 26, rue Jacob. — Prix . . . . **1 fr.**

Expériences du Comité de Cognac. Rapport sur les résultats obtenus en 1877. Description du système mécanique P. Mouillefert et F. Hembert. Solution pratique de la guérison des vignes phylloxérées. Brochure in-4° de 60 pages, chez G. Masson, 120, boulevard Saint-Germain. — Prix . . . . . **2 fr. 50 c.**

Traitement des vignes phylloxérées par le sulfocarbonate de potassium. Principes de l'application de ce remède. Rapport sur les applications en grande culture en 1878, au moyen du système mécanique de MM. P. Mouillefert et F. Hembert. Preuves de l'efficacité du sulfocarbonate de potassium. Brochure in-8° de 76 pages. Librairie agricole, 26, rue Jacob, 1879. — Prix **1 fr. 50 c.**

Emploi du sulfocarbonate de potassium contre le phylloxera au moyen des appareils mécaniques de MM. P. Mouillefert et F. Hembert. Opérations de l'année 1879. Extrait des communications à l'Académie des sciences, 7 juillet et 10 novembre 1879, et du *Bulletin de la Société des Agriculteurs de France*, du 1er mars 1880 (*épuisé*).

Application du sulfocarbonate de potassium au traitement des vignes phylloxérées au moyen du système mécanique et des procédés P. Mouillefert et F. Hembert. Rapport sur les travaux de l'année 1880. Brochure in-4° de 112 pages, au siège de la Société nationale contre le Phylloxera, 10, place Vendôme. Paris, janvier 1881. — Prix . . . . **2 fr.**

Guérison et conservation des vignes françaises. Nouvelles instructions théoriques et pratiques pour l'application du sulfocarbonate de potassium aux vignes phylloxérées, par le système mécanique de MM. P. Mouillefert et F. Hembert. Brochure in-8° de 64 pages. Au siège de la Société nationale contre le Phylloxera, 10, place Vendôme, Paris.

Du mois de juillet 1874 au mois de janvier 1881, **dix-huit Communications à l'Académie des Sciences**, insérées dans ses Comptes Rendus sur les propriétés des sulfocarbonates, les principes de leur emploi, et leur application au moyen du système mécanique de MM. P. Mouillefert et F. Hembert.

www.ingramcontent.com/pod-product-compliance
Lightning Source LLC
Chambersburg PA
CBHW061242060726
47596CB00002B/397